U0192823

纳米级系统芯片单粒子效应研究

贺朝会　杜雪成　杨卫涛　杜小智　著

科学出版社

北　京

内 容 简 介

本书主要介绍 28nm 系统芯片(SoC)的单粒子效应,内容包括 SoC 单粒子效应研究现状与测试系统的研制,SoC 的 α 粒子、重离子、质子和中子单粒子效应实验研究,SoC 单粒子效应软件故障注入、模拟故障注入、软错误故障分析、故障诊断和 SoC 抗单粒子效应软件加固方法研究;提出 Xilinx Zynq-7000 SoC 单粒子效应错误类型和单粒子效应规律;计算不同模块的单粒子效应截面和软错误率;揭示 SoC 的单粒子效应敏感模块和敏感区域分布特征;定量分析 SoC 系统、子系统和不同模块的故障频率、不可用度和平均故障间隔时间;提出几种 SoC 单粒子效应加固方法,并进行实验验证。

本书可作为辐射物理、抗辐射加固、空间电子学、电子元器件、微电子学、核技术等方向科研人员的参考书,也可供辐射效应研究、SoC 应用、宇航电子系统设计等领域工程技术人员参考。

图书在版编目（CIP）数据

纳米级系统芯片单粒子效应研究/贺朝会等著. —北京:科学出版社,2021.5

ISBN 978-7-03-067328-2

Ⅰ. ①纳… Ⅱ. ①贺… Ⅲ. ①集成芯片-单粒子态-研究 Ⅳ. ①TN430.3

中国版本图书馆 CIP 数据核字（2020）第 265040 号

责任编辑:祝 洁 / 责任校对:杨 赛
责任印制:张 伟 / 封面设计:陈 敬

科学出版社 出版

北京东黄城根北街 16 号
邮政编码:100717
http://www.sciencep.com

北京凌奇印刷有限责任公司 印刷

科学出版社发行 各地新华书店经销

*

2021 年 5 月第 一 版 开本:720×1000 B5
2021 年 11 月第二次印刷 印张:12 1/2
字数:250 000

定价:98.00 元

(如有印装质量问题,我社负责调换)

前　言

　　系统芯片(SoC)具有微型化、低功耗、高速度、高集成度、高可靠性等优点，并且知识产权(IP)核复用技术和软硬件协同设计技术提高了 SoC 的可移植性和可配置性，缩短了研制周期，降低了研制成本，是满足航天电子系统微小型化的重要技术手段。由于半导体器件的特征尺寸越来越小，空间环境中各种辐射粒子对电路的影响越来越严重，尤其是空间辐射环境中的高能重离子、高能质子和α粒子。此外，大气中子和器件封装材料中微量的铀/钍杂质衰变产生的α粒子，会导致 SoC 发生单粒子效应，显著地影响其可靠性和寿命。

　　西安交通大学贺朝会研究团队在分析国内外 SoC 单粒子效应研究现状和问题的基础上，开展 28nm SoC 单粒子效应实验研究及其故障注入研究，以及 SoC 单粒子效应的软错误评估、故障诊断和加固方法研究。第一，建立 SoC 单粒子效应测试系统，对 SoC 内部多个功能模块开展α粒子、重离子、质子和中子单粒子效应实验研究，揭示了 28nm SoC 单粒子效应敏感模块，获得了单粒子效应截面及单粒子效应敏感区域的分布特征；第二，应用单粒子效应故障注入方法，分别从软件层面和寄存器传输级研究 SoC 单粒子效应故障机理和故障特征；第三，基于 28nm SoC 软错误故障树分析、事件树分析及故障模式与效应分析，开展 SoC 软错误评估、故障序列研究以及 SoC 故障模式和敏感模块风险等级分析；第四，建立 SoC 单粒子效应贝叶斯网络模型，计算不同模块的后验概率和重要度，提出一种 SoC 单粒子效应故障诊断系统模型，有助于分析 SoC 单粒子效应故障产生的原因；第五，提出一种基于二分图极大值匹配的 SoC 故障定位方法，研究针对 SoC 单粒子效应敏感模块的多种加固方法，并进行实验验证，证明其有效性。本书是上述研究成果的系统总结，期望为国产纳米级 SoC 的研发和空间应用提供技术支持。

　　本书由贺朝会教授主持撰写，并负责统稿，具体分工如下：第 1 章由贺朝会、杜雪成撰写；第 2 章由杜雪成、杨卫涛、贺朝会、刘书焕、李永宏撰写；第 3 章由杨卫涛、杜雪成、贺朝会撰写；第 4 章由杨卫涛、杜雪成、贺朝会、刘书焕撰写；第 5 章由杜雪成、杨卫涛、杜小智、贺朝会撰写；第 6 章由杜雪成、贺朝会撰写；第 7 章由杜雪成、贺朝会撰写；第 8 章由杜雪成、贺朝会撰写；第 9 章由杜小智、张鹏撰写；第 10 章由杨卫涛、杜小智、贺朝会、李永宏撰写。

　　衷心感谢为本书研究提供条件和支持的西北核技术研究院陈伟研究员、中国原子能科学研究院郭刚研究员、中国科学院近代物理研究所杜广华研究员和刘杰研究员、中国散裂中子源科学中心梁天骄研究员等。

　　本书的出版得到了国家自然科学基金项目(项目批准号：11575138、11690043和11690040)的支持，在此表示衷心感谢！

　　由于作者水平有限，书中不妥之处在所难免，敬请读者批评指正。

目　　录

第1章 绪 论

1.1 集成电路发展方向

2009 年公布的国际半导体技术发展路线图明确指出，半导体器件特征尺寸已经进入纳米尺度，系统芯片(system on chip，SoC)和系统封装(system in package，SiP)是超大规模集成电路发展的主要方向，也是推动集成电路微小型化的主要技术手段[1]。半导体集成电路发展趋势如图 1-1 所示。

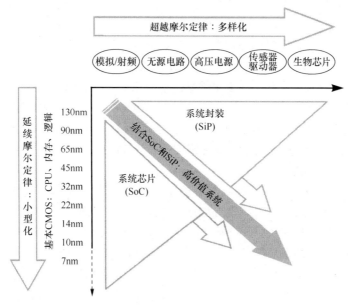

图 1-1 半导体集成电路发展趋势[1]

所谓的 SoC 就是将计算机系统或控制系统集成在单个芯片上。不同于传统的在单个印制电路板(printed circuit boards，PCB)上通过分立器件实现的整机系统，SoC 采用一种嵌入式系统设计技术，将中央处理器(central processing unit，CPU)、数字信号处理器(digital signal processor，DSP)、存储器(memory)、总线、时钟管理和外设电路等功能模块集成在单个芯片上，以实现一个完整系统功能[2-3]，一般 SoC 示意图如图 1-2 所示。

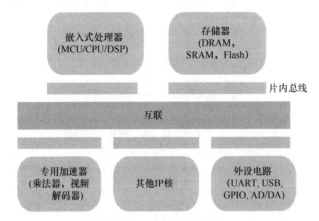

图 1-2　一般 SoC 示意图

MCU-微处理器控制单元；DRAM-动态随机存取存储器；SRAM-静态随机存取存储器；Flash-闪存；UART-通用异步收发器；USB-通用串行总线；GPIO-通用输入/输出端口；AD/DA-模拟/数字信号转换或数字/模拟信号转换

2017 年 6 月，美国国防高级研究计划局(Defense Advanced Research Projects Agency，DARPA)和半导体行业协会(Semiconductor Industry Association，SIA)共同推出一个超过 2 亿美元的"电子复兴计划"(electronics resurgence initiative，ERI)，开展先进新材料、电路设计工具和系统架构研究，为美国国防部和美国国家安全局提供 2025～2030 年期间所需的基于微电子的颠覆性技术,其中有两个关于 SoC 的项目，分别是：①材料与集成方向，三维单片系统芯片(three dimensional monolithic system on chip，3DSoC)项目；②系统架构方向，领域专用系统芯片(domain specific system on chip，DSSoC)项目。

相比于 PCB 整机系统，SoC 具有微型化、低功耗、高速度、高集成度和高可靠性等优点，并且采用知识产权(intellectual property，IP)核复用技术和软硬件协同设计技术，提高了 SoC 的可移植性和可配置性，缩短了研制周期，降低了研制成本。卫星平台上的控制系统、推进系统、测控系统、数控系统等多个系统，以及卫星的通信载荷、导航载荷、遥感载荷和数传载荷都有明确的微小型化技术要求[4]。因此，采用 SoC 不仅能够满足航天电子系统的需求，而且为其发展提供了良好的契机。

1.2　国家航天技术发展的需求

2011 年以来，我国在载人航天技术、深空探测、北斗卫星导航系统等方面取得了丰硕的成果。2016 年，"天宫二号"空间实验室和"神舟十一号"载人飞船的成功发射及一系列空间实验的开展，标志着我国在空间科学实验技术方面取得了重大突破。在深空探测方面，"嫦娥四号"实现了人类探测器首次月背软着陆、首次月背与地球的中继通信，开启了人类月球探测新篇章，我国成为世界上第三个在月球上成功实施探测器软着陆的国家。2016 年，国务院新闻办公室发表《2016中国的航天》白皮书，明确表述我国航天事业未来五年的重要任务，其中载人航天空间实验室和空间站建设、火星探测工程、空间科学卫星、遥感卫星、卫星导航系统和高能物理等多个领域将会进行国际合作和重点发展。2020 年 7 月，我国成功发射了首个火星探测器"天问一号"。国家航天事业的快速发展对航天电子产品的需求越来越大，对高可靠、长寿命卫星和载人航天器的要求也越来越高。卫星的控制系统、推进系统、测控系统、数控系统、供配电系统、热控系统都对微小型化提出了明确要求。同时，卫星载荷也有微小型化的迫切需求，特别是微/纳卫星系统在未来空间攻防活动中的特殊作用，以及成本和部署灵活性上的优势，使其可能通过组网、编队以"虚拟卫星"形式运行，实现大型卫星不具备的功能，因此卫星必须微小型化。除了各种星载设备外，卫星地面设备也有微小型化的需求。采用 SoC 实现航天电子系统能力的提升和功耗、重量、体积的降低，对航天工程任务的实现非常必要，对我国航天电子系统发展具有重要意义。除了微小型化，航天电子产品还要求高集成、高性能、高可靠和低功耗，这些正是 SoC 的优点，因此 SoC 符合国家航天技术发展的需求。

1.3 单粒子效应的严重威胁

空间环境中的银河宇宙射线、太阳宇宙射线、范·艾伦辐射带的高能重离子、高能质子和α粒子[5-6]，封装材料中铀、钍杂质衰变所产生的α粒子，热中子与半导体器件掺杂的 ^{10}B 相互作用产生的α粒子[7]，近地空间的中子或核爆产生的中子及大气环境中的中子，都会导致 SoC 发生单粒子效应(single event effect，SEE)，严重影响其可靠性和寿命。

单粒子效应指单个粒子穿过器件敏感区域时，由于电离产生电子-空穴对被器件反偏 PN 结收集形成脉冲电流，导致器件功能异常的现象[8-9]。引发单粒子效应的原因有很多，不同入射粒子造成单粒子效应的机理也会有所不同。一般重离子通过直接电离可导致单粒子效应，而高能质子或中子需要通过核反应产生次级重离子电离(也称为间接电离)才可以导致单粒子效应。单粒子效应电子-空穴对产生机制如图 1-3 所示。当入射粒子沉积的电荷大于器件发生单粒子效应的临界电荷时，将导致单粒子效应，而单粒子效应的临界电荷与器件的电压和结点电容等有关。半导体器件的发展导致器件的工作电压和结点电容降低，使单粒子效应临界电荷越来越小，因此半导体器件的单粒子效应将越来越严重。特别是器件的特征尺寸进入纳米级以后，临界电荷小于 1fC，并且越来越小，大量的实验已经证明对于纳米级静态随机存储器(static random access memory，SRAM)，低能质子也可以通过直接电离导致单粒子效应[10-12]。

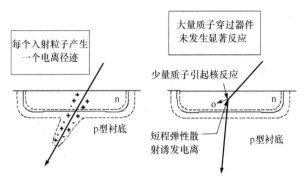

图 1-3　单粒子效应电子-空穴对产生机制

自 1975 年 Binder 等[13]首次报道卫星系统中的 J-K 触发器(flip flop，FF)产生单粒子效应以来，已经有多个国家报道许多与单粒子效应有关的航天器事故。根据美国国家航空航天局(National Aeronautics and Space Administration, NASA)的统计数据，从 1974 年至 1994 年，超过 100 起航天器出现故障和异常，分析发现 45%的航天器故障和异常是由空间辐射造成的，其中单粒子效应造成的异常高达86%[14]。美国、欧洲、日本、中国等国家和地区都曾报道过由于单粒子效应造成的在轨卫星故障事件。例如，美国的"TDRS-1"卫星在 1983 年 4 月 4 日至 1993年 3 月 7 日之间发生了 4468 次单粒子效应；欧洲航天局(European Space Agency，ESA)的"ERS-1"卫星由于单粒子效应造成精密测距仪中的芯片烧毁；日本"SUPERBIRD"卫星由于单粒子效应错误而导致卫星丢失；我国"风云一号"卫星因为计算机主板出现单粒子效应而造成卫星姿态失控[15-18]；2007 年 10 月，我国发射的首颗绕月卫星"嫦娥一号"在发射后的二百多天里遭受单粒子效应影响十多次[19]；2011 年 11 月，我国与俄罗斯合作发射的"萤火一号"火星探测器，因遭受单粒子效应而未能如期完成任务[20]。因此，单粒子效应已经成为威胁航天器在轨安全最为严重的辐射效应，引发了严重的航天器故障，造成了重大的经济损失。

根据器件或电路单元对入射粒子产生的不同响应，单粒子效应可以分为多种类型，如存储器或寄存器(Register)逻辑状态的改变，组合电路出现瞬态电压脉冲，以及功率金属氧化物半导体场效应管(metal oxide semiconductor field effect transistor，MOSFET)栅极的损伤等[21]，其主要类型如表 1-1 所示。根据是否对器件造成永久的物理损伤，单粒子效应又可以分为软错误和硬错误，软错误指不会对器件造成永久损伤，可以恢复的错误类型，如单粒子翻转(single event upset，SEU)、单粒子多位翻转(multiple bit upset，MBU)、单粒子瞬态(single event transient，

SET)和单粒子功能中断(single event functional interrupt，SEFI)等；硬错误指对器件造成永久的物理损伤，如果不及时采取措施，会造成器件烧毁或者电路失效等不可恢复的错误类型，如单粒子锁定(single event latch-up，SEL)、单粒子烧毁(single event burnout，SEB)、单粒子快速反向、单粒子栅穿(single event gate rupture，SEGR)和单个位硬错误(single hard error，SHE)等。

表 1-1 单粒子效应主要类型

类型名称	描述
单粒子翻转	存储器件逻辑状态的改变
单粒子多位翻转	存储器多个位出现逻辑状态改变
单粒子瞬态	模拟或组合电路中瞬态电压脉冲
单粒子功能中断	控制电路功能异常
单粒子锁定	器件锁定在高电流状态下
单粒子快速反向	NMOS 器件中反馈电流模式
单粒子烧毁	器件激起高电流并烧毁
单粒子栅穿	功率 MOSFET 的栅极损伤
单个位硬错误	单个位出现不可恢复性错误

此外，随着半导体器件和集成电路的快速发展，采用新光刻技术、新半导体材料、新器件结构和更高的工艺集成，不断追求高速度、高密度、高可靠、低功耗和低成本。然而纳米集成电路在结构、尺寸与材料上的改变，导致集成电路单粒子效应出现了一些新的机理和变化，其集成度越来越高，工作电压越来越低，导致器件临界电荷减小，存储器多位翻转越来越严重。工作频率的提高，使得 SET的出现频率越来越高，成为影响时序电路和组合电路不可忽视的一个重要因素。功能模块越来越多，导致 SEFI 的机理更加复杂，抗辐射加固更加困难。SoC 包含CPU、SRAM、外设电路等，使得纳米级 SoC 单粒子效应越来越严重，其机理越来越复杂，类型也更加多样。

综上所述，SoC 以其优良的性能在航天任务中扮演越来越重要的角色，将更加广泛地应用于航天电子系统中，因此应用前必须考虑单粒子效应对其造成的严重威胁，采取抗辐射加固手段提高 SoC 的在轨寿命和可靠性。目前，商用SoC 已经进入 28nm、16nm 阶段，如何对纳米级 SoC 的单粒子效应进行评估和分析是亟待解决的重要问题，也是国内外辐射效应研究领域重点关注的问题。由于不同模块的单粒子效应敏感性与失效机理不同，开展 SoC 单粒子效应的机理研究，建立 SoC 单粒子效应可靠性评估方法，确定 SoC 单粒子效应的薄弱环节，对于 SoC 抗辐射加固设计具有非常重要的指导意义，也是保障航天器可靠运行的重要环节。

1.4　SoC 单粒子效应研究现状

1.4.1　国外研究现状

国外大规模集成电路单粒子效应的研究开展较早，20 世纪 80 年代已经开始对 SRAM、CPU 单粒子效应测试实验。NASA 从 1986 年开始进行微处理器单粒子效应测试实验，先后对 Intel 公司的 8036、80386、80387、Pentium MMX、Pentium Ⅱ 和 Pentium Ⅲ 微处理器，MOT 公司的 68020、PC603E、PC750、PC7457、PC7455、PC7448 及 AMD K7 系列微处理器等开展单粒子效应测试实验[22]。基于大量的微处理器单粒子效应测试实验，NASA 于 2008 年发布了高性能商用微处理器单粒子效应测试指南，明确地表述了微处理器内部寄存器、高速缓存(Cache)及应用软件的单粒子效应测试方法。

SoC 是以微处理器为核心的嵌入式系统。为了将 SoC 应用于航天器中，20 世纪 90 年代开始，美国制定了一系列宇航级 SoC 研制计划，包括 NASA 的 X-2000 计划、波音公司的板载可扩展可重配置处理架构(on-board processing expandable reconfigurable architecture，OPERA)项目和美国海军研究生院(Naval Postgraduate School，NPS)的可配置容错处理器(configurable fault tolerant processor，CFTP)计划[23-27]。同时，为了保证 SoC 在空间的寿命和可靠性，NASA 利用地面加速器开展了一系列 SoC 单粒子效应实验和总剂量效应(total ionizing dose, TID)实验，得到了一些实验数据和敏感模块数据[28-32]。表 1-2 为在美国得克萨斯 A&M 大学(Texas A&M University，TAMU)、NASA 空间辐射实验室(NASA Space Radiation Laboratory，NSRL)和劳伦斯伯克利国家实验室(Lawrence Berkeley National Laboratory，LBNL)开展的部分 SoC 辐射效应实验总结。2010 年，NASA 电子元器件与封装部(NASA Electronic Parts and Packaging，NEPP)SoC 器件年度报告中明确提出了建立 SoC 器件及相关微处理器的辐射效应测试方法，为 NASA 提供相应的 SoC 辐射效应测试数据及选择能够应用于空间任务的 SoC 器件是 NEPP SoC 的主要任务，同时该报告提供了 UT699 SoC 和 Maestro SoC 单粒子效应测试方法和测试结果[33]。2012 年发布的年度报告中继续提及了建立 SoC 辐射效应测试方法的重要性，指出了建立 SoC 辐射效应测试方法的难点在于如何测试和评估 SoC 内部更多的功能模块，而目前的测试方法仅限于寄存器测试、SRAM 测试和 Cache 测试，因此建立 SoC 辐射效应测试指南还有大量工作要做[34]。

表 1-2 TAMU、NSRL 和 LBNL 开展的 SoC 辐射效应实验总结

SoC 器件	厂商	处理器类型	实验地点	测试类型
第一代 RAD750	IBM	PowerPC750	TAMU	SEE&TID
第二代 RAD750	IBM	PowerPC750	TAMU	SEE&TID
UT699	Aeroflex	LEON3FT	TAMU	SEE
P2020	Freescale	e500	TAMU&LBNL	SEE
P5020	Freescale	e500	TAMU&LBNL	SEE
P2020	Freescale	e500	TAMU	SEE
Maestro	波音	TILE64	TAMU&NSRL	SEE

NASA 的 X-2000 计划研制了 RAD6000 SoC、第一代 RAD750 SoC 和第二代 RAD750 SoC,并且在地面分别开展了单粒子效应和总剂量效应实验,获得了存储器单粒子翻转率和总剂量效应数据,测试结果如表 1-3 所示,其中 RAD6000 SoC 已经成功地应用于火星探测器的机械臂。实验结果表明,第二代抗辐射加固 RAD750 SoC 抗总剂量效应和单粒子翻转效应明显优于前两代 SoC,并且三种 SoC 都可以对单粒子锁定免疫。

表 1-3 RAD 系列 SoC 实验结果对比

SoC 型号	总剂量数据	单粒子翻转率/[错误/(器件·天)]	单粒子锁定
RAD6000	1 Mrad(Si)	$<1\times10^{-10}$	免疫
第一代 RAD750	200 krad(Si)	$<1\times10^{-10}$	免疫
第二代 RAD750	2 Mrad(Si)	$<1\times10^{-11}$	免疫

注:拉德,吸收剂量单位,符号为 rad。$1rad=10^{-2}Gy$,$1Mrad=10^{6}rad$,$1krad=10^{3}rad$。

为了提高宇航级 SoC 的性能,美国波音公司的 OPERA 项目研发了基于 TILE64 处理器的抗辐射加固 SoC——Maestro SoC,其结构如图 1-4 所示。该款 SoC 包含 49 个抗辐射加固微处理器,每个处理器包含 8KB L1 高速数据缓存(data Cache,DCache)、8KB L1 高速指令缓存(instruction Cache,ICache)和 64KB L2Cache,分别采用奇偶校验码和检错纠错码进行了抗单粒子翻转设计,运行速度为 450 亿次/秒,时钟频率为 310MHz。在布鲁克海文的 NASA 空间辐射实验室开展的 Maestro SoC 单粒子效应实验,分别进行了寄存器静态与动态单粒子效应测试、L1Cache 静态单粒子效应测试、L2Cache 静态与动态粒子效应测试,获得了 L1Cache 静态测试翻转截面和 L2Cache 静态与动态翻转截面随线性能量转移值(linear energy transfer,LET)变化的关系曲线。为了提高宇航级 SoC 抗辐射加固的能力,NPS 发起了一项以通过可重复编程和可重配置来实现抗辐射加固 SoC 的

计划——CFTP计划。该计划通过在Xilinx抗辐射加固现场可编程逻辑门陈列(field programmable gate array，FPGA)上集成PowerPC750、只读存储器和闪存实现SoC功能，并且采用三模冗余和检错纠错码进行抗辐射加固设计。2007年3月，该计划研制的第一款SoC产品搭载航天器升空进行了相应的实验。2014年1月，NASA公布的航空电子路线图特意指出了基于指令和数据的先进抗辐射加固型 SoC 研究计划，并将其列为2019~2021年实现的目标[35]。

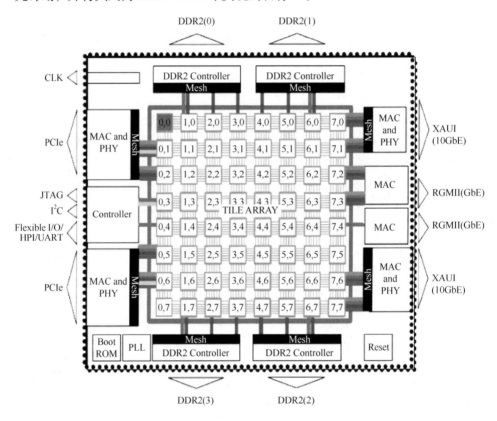

图 1-4　Maestro SoC 结构图[33]

CLK-时钟；DDR2-双倍速率同步动态随机存储器；DDR2 Controller-DDR2 控制器；XAUI(10GbE)-以太网连接单元接口；RGMII(GbE)-介质独立接口；PCIe-高速串行计算机扩展总线标准；UART-通用异步收发传输器；JTAG-联合调试接口；I²C-I²C 总线；MAC-媒体存取控制；PHY-端口物理层；Reset-复位；PLL-锁相环；Boot ROM-引导只读存储器；TILE ARRAY-平铺存储阵列

　　商用器件性能高、成本低、研发周期短，并且能够满足部分航天器的要求，在航天任务中使用商用器件已经成为一种趋势，但是由于商用器件的抗辐射能力较差，因此在空间应用中必须测试其抗辐射性能。2011 年，NASA 分别对 Freescale 公司商用 P2020 和 P5020 开展了相应的单粒子效应敏感性测试，实验获得了 P2020

通用寄存器的质子单粒子翻转截面为 $6\times10^{-15}cm^2$，L1Cache 的质子单粒子翻转截面为 $1.2\times10^{-14}cm^2$，L2Cache 质子单粒子翻转截面为 $1\times10^{-14}cm^2$。实验结果表明，L1Cache 比 L2Cache 更加敏感，重离子实验结果与质子实验结果类似；开展了 P5020 的重离子单粒子效应实验，获得了 L2Cache 单粒子效应截面随 LET 值变化的关系曲线。

ESA 以 LEON 处理器为基础先后开发了 LEON2、LEON3 和 LEON4 系列微处理器芯片，并对几款处理器开展了大量的辐照测试工作，同时设计了专用空间应用领域加固 IP 核。2009 年，ESA 开始研究下一代星载多用途微处理器(next generation micro processor，NGMP)SoC。该款 SoC 基于 V8 多核处理器体系结构(scalable processor architecture，SPARC)，集成了四个 LEON4FT 微处理器核，工作频率为 400MHz。NGMP 作为 ESA 以 LEON 处理器为核心开发的新一代星载四核处理器 SoC，采用了部分三模冗余、奇偶校验等多种容错处理技术；片上存储器(on chip memory，OCM)结构采用 BCH 码、奇偶校验码，片外同步动态随机存储器(synchronous dynamic random access memory，SDRAM)采用里德-所罗门(Reed-Solomon，RS)码，触发器采用 SEU 加固库元件和三模冗余设计[36-37]。

在国外，除了 NASA、ESA 之外，波音公司、IBM、Intel、Sun 和 Aeroflex 等公司在抗辐射加固 SoC 方面都进行了大量的研究。这些研究涉及 SoC 的多个单元，如处理器、寄存器、存储器和总线等，提供了不同设计的 SoC 在辐射环境下的数据资料。也有公司以 LEON 系列芯片为基础，开展抗辐射加固 SoC 的研制，如 2010 年 Aeroflex Gaisler 公司研发了一款基于 32 位 SPARC V8 架构 LEON3FT 处理器的抗辐射加固 SoC——UT699 SoC，其结构如图 1-5 所示。该款 SoC 采用三模冗余、奇偶校验码实现抗辐射加固，并且外部存储器采用纠错检错码(error detection and correction，EDAC)[30,33]。利用 TAMU 回旋加速器开展了 UT699 SoC 单粒子效应实验，获得了寄存器、DCache、ICache、SRAM 单元、看门狗计时器和 SpaceWire 总线控制器单粒子效应实验结果[33]。此外，Gaisler 公司还推出了一款基于 LEON3FT-RTAX 处理器 SoC。该款 SoC 基于 Actel FPGA，采用 32 位抗辐射加固微处理器 IP 核——LEON3FT，针对 Cache 和寄存器文件采用抗单粒子翻转容错设计，地面单粒子效应实验结果表明，其抗单粒子锁定 LET 阈值大于 $104(MeV\cdot cm^2)/mg$，抗单粒子翻转 LET 阈值大于 $37(MeV\cdot cm^2)/mg$ [38]，抗总剂量水平为 300krad(Si)。2008 年 10 月，该款 SoC 成功应用于印度第一颗地球轨道卫星"Chandrayaan-1"。波音公司 Cabanas-Holmen 等[39]于 2015 年 8 月报道了其开发的复杂 SoC 专用集成电路软错误估计软件，实现了先进复杂 SoC 从底层到顶层的软错误率(soft error rate，SER)估计。2016 年，ESA 的 Mascio 和 Furano 等相继发表论文指出，由于没有标准的 SoC 单粒子效应测试方法，开展此类研究十分必要[40-41]。

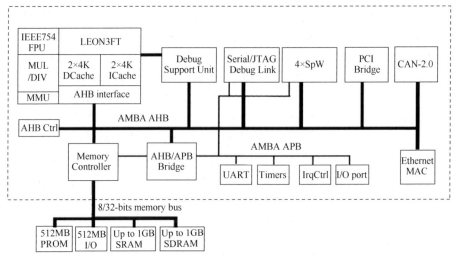

图 1-5　UT699 SoC 结构图[33]

FPU-浮点运算单元；MUL/DIV-乘/除；MMU-内存管理单元；AHB interface-AHB 接口；Debug Support Unit-调试支持单
元；Serial/JTAG Debug Link-串行/JTAG 调试接口；PCI Bridge-PCI 桥；CAN-2.0-CAN 总线 2.0；AHB Ctrl-AHB 控制；
4×SpW-4 组 SpaceWire 连接；2×4K DCache-2 块 4KB DCache；2×4K ICache-2 块 4KB ICache；AMBA AHB-AMBA AHB 总
线；Memory Controller-存储器控制器；8/32-bits memory bus-8/32 位存储器总线；512 MB PROM-512 MB 可编程 ROM；
512 MB I/O-512 MB I/O 控制器；Up to 1GB SRAM-高达 1GB SRAM；Up to 1GB SDRAM-高达 1GB SDRAM；
AMBA APB-AMBA APB 总线；UART-通用异步收发器；Timers-定时器；IrqCtrl-中断请求控制器；I/O port-I/O 接口；
Ethernet MAC-以太网 MAC 接口

随着商用现货(commercial off-the-shelf，COTS)SoC 的不断发展，尤其是 SoC
工艺技术进入纳米级以来，国外研究单位和研究人员对先进工艺 COTS SoC 开展
了大量的辐照测试研究。其中，NASA 于 2014～2015 年先后对 Xilinx 65nm、Xilinx
28nm 工艺 COTS SoC 进行了不同粒子的辐照测试，同时提出了对 Microsemi、
Xilinx、Altera 和 Synopsis 的 COTS SoC 进行辐照测试的计划。针对 28nm SoC，
美国范德堡大学、巴西南里奥格兰德联邦大学等机构研究人员开展了不同模式下
的辐照测试，初步获得了 28nm SoC 的单粒子效应敏感状况[42]。Lesea 等[43]利用
64MeV 中子测试了其处理器子系统的单粒子翻转敏感性，指出其子系统发生挂起
的软错误率约为 5FIT，发生静态数据错误的软错误率几乎接近硬错误率。Amrbar
等[44]利用 Cu、Ar、O 等重离子测试了存储单元单粒子锁定和单粒子翻转情况，并
对其在轨故障率进行了预估。Hiemstra 等[45]指出在 105MeV 质子辐照，累积注量
约为 $1.1 \times 10^{11} cm^{-2}$ 时未发现总剂量效应和单粒子锁定现象。Tambara 等[46-48]利用
多种离子进行了不同配置模式下的辐照测试，主要包括利用重离子测试开启和关
闭缓存，以及不同温度和电压下的存储单元 SEE 敏感性，并利用中子辐照测试了
软核和硬核模式下的 SEE 截面。Xilinx 研发出系统验证工具(system validation
tool，SVT)用于系统性能测试和软错误缓解(soft error mitigation，SEM)，IP 核用
于软错误校正，可以使 99.99%的软错误得到校正。Antonios 等[49]利用超高能量的

30GeV/c[①]和 40GeV/c Xe 离子对 28nm SoC 进行了辐照测试，指出配置存储器的 SEE 截面约为 $1.0×10^{-9}cm^2/bit$。Mousavi 等[50]提出了用于评估 SoC 内 FPGA 部分 SEU 敏感性的通用模型和测试脚本。Oliveira 等[51-52]提出了基于锁步双核模式的软错误处理方式，并开展了重离子辐照和软件故障注入测试，指出锁步双核模式能够将 SoC 单粒子效应截面降低一个数量级。针对 28nm SoC 处理器系统(processing system, PS)，Paulo 等[53]提出了基于时间冗余的软错误处理方法，Reyneri 等[54]提出了针对库函数进行冗余加固进而提升程序整体抗软错误能力的方法，Chatzidimitriou 等[55]在对比了中子辐照测试结果和基于 Gem5 仿真软件的故障注入结果后指出，基于 Gem5 仿真软件的故障注入能够准确地预测 SoC 在实际辐射环境下的静态数据错误和系统崩溃情况。

由此可以看出，目前国外研究 SoC 单粒子效应的几个方向为基于不同微处理器的 SoC 单粒子效应测试方法、基于不同架构的 SoC 单粒子效应测试方法、不同功能模块的单粒子效应测试方法和 SoC 系统级抗辐射加固技术研究。此外，基于多核互联模式下单粒子效应敏感性测试也将是今后 SoC 单粒子效应研究的方向。虽然目前提出了一些 SoC 单粒子效应测试方法，但是多集中于寄存器测试、SRAM 测试和 Cache 测试，不能够完全准确地反映 SoC 单粒子效应的敏感性，难以对其机理进行更加详细的分析，由于测试对象的不同，测试方法具有一定的差异性。因此，开展 SoC 内部多个模块的单粒子效应研究，对于分析 SoC 单粒子效应敏感性、表征和失效机理分析具有非常重要的意义。

1.4.2 国内研究现状

我国对单粒子效应的研究很多，西北核技术研究院、中国原子能科学研究院 (China Institute of Atomic Energy, CIAE)、中国科学院近代物理研究所(Institute of Modern Physics, IMP)、中国空间技术研究院等单位在半导体器件、SRAM、CPU、FPGA 单粒子效应实验、仿真、机理及抗辐射加固方法方面做了大量研究工作。其中，西北核技术研究院陈伟、郭红霞、罗尹虹等开展了 SRAM、FPGA 单粒子效应及仿真方面工作[56-59]；中国原子能科学研究院郭刚等依托 HI-13 串列加速器建立了重离子宽束及微束辐照装置，并进行了大量 SRAM 单粒子效应实验和机理研究[60-62]；中国科学院近代物理研究所利用重离子加速器辐照终端开展了 Intel 80C31 CPU、Intel 8086 CPU、IDT71256 SRAM 等器件单粒子效应实验[63-65]；中国科学院国家空间科学中心利用 PLSEE 脉冲激光器模拟了 SF3503 运算放大器单粒子瞬态效应、PowerPC(performance optimization with enhanced RISC-performance computing)微处理器单粒子翻转及单粒子功能中断[66-67]；中国航天北京微电子技

---

① c 为发光强度单位烛光，非法定，1c=1cd。

术研究所基于 32 位 SPARC V8 微处理器开发的 BM3803MGRH 芯片得到了验证与应用。其他高校及科研院所在单粒子效应测试方法、大规模集成电路单粒子效应实验及其机理等方面也做了大量研究[68-71]。我国在航天专用 IP 核设计方面也取得了一些成果，包括 SPARC 处理器、1553B 总线控制器和 SpaceWire 总线控制器等[72]。通过冗余和纠错机制提高了 IP 核的可靠性，进而为研制抗辐射加固 SoC 提供了很好的基础。

对于 SoC 的辐射效应，我国研究不多。2003 年，珠海欧比特公司和哈尔滨工业大学联合研制了应用于卫星控制系统的 SoC S698。该款 SoC 采用 SPARC V8 架构、五级流水线，集成了高级微控制总线结构(advanced microcontroller bus architecture，AMBA)、双 Cache、存储器控制器、中断控制器和丰富的外设[73]。2004 年，欧比特公司研制了专门用于恶劣环境的 S698 的容错版本 S698M，其结构如图 1-6 所示，该款 SoC 采用 0.18μm 互补金属氧化物半导体(complementary metal oxide semiconductor，CMOS)工艺，工作频率为 200MHz，通过在存储器模块增加 EDAC 功能，提高其抗单粒子翻转的能力[74]。中国空间技术研究院北京控制工程研究所研制了我国第一块完全自主产权的宇航级 SoC(SoC 2008)，并于 2012 年 10 月 14 日成功应用于我国 "实践九号" 卫星的主星[75]。该款 SoC 采用 0.13μm CMOS 工艺，工作频率为 100MHz，针对单粒子翻转、单粒子锁定和总剂量效应进行了专门的抗辐射加固设计，其中抗总剂量效应为 100krad(Si)，单粒子翻转率为 3×10^{-8} 错误/(部件·天)。北京控制工程研究所随后与国防科技大学联合研制的宇航级 SoC 2012，其内部集成四核 SPARC V8 内核，抗总剂量能力大于 200krad(Si)，抗单粒子锁定能力大于 $100(\text{MeV}\cdot\text{cm}^2)/\text{mg}$。SoC 2012 芯片的成功应用标志着我国初步掌握了 SoC 设计、SoC 抗辐射加固设计及 SoC 辐射效应测试方法。中国科学院计算技术研究所自行研制了一款具有完全自主知识产权的高性能处理器——龙芯。为了将龙芯 CPU 成功地应用于航天任务中，设计了能够应用于航天器中的抗辐射加固龙芯 SoC，即 RH_GSI_SoC。2008 年，北京师范大学低能核物理研究所使用 ^{60}Co γ射线开展了总剂量效应实验，结果表明，RH_GSI_SoC 总剂量达到 180krad(Si)。同年，中国科学院近代物理研究所重离子加速器国家实验室开展了单粒子效应实验，结果表明，RH_GSI_SoC 单粒子锁定 LET 阈值为 $75(\text{MeV}\cdot\text{cm}^2)/\text{mg}$，但是单粒子翻转 LET 阈值还需进一步实验验证[76]。"龙芯 3 号" 应用于 2016 年 2 月 1 日发射的 "北斗" 卫星，2016 年 4 月 6 日，搭载龙芯抗辐射加固处理器的 "实践十号" 卫星升空。

了解 SoC 单粒子效应及抗辐射加固研究现状，与国际领先水平相比，我国抗辐射加固 SoC 类型较少、特征尺寸大、性能较低、抗辐射能力较弱，并且在 SoC 单粒子效应测试方法、实验及机理研究方面的成果较少。

因此，基于 28nm SoC，西安交通大学开展了α粒子、重离子、质子和中子的

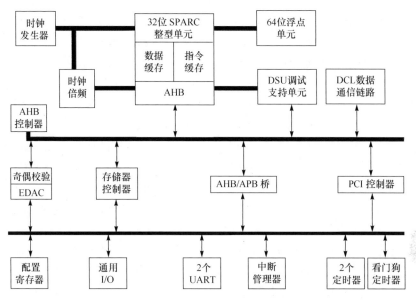

图 1-6 S698M SoC 结构图[74]

辐照测试,获得了不同辐照情况下的 SoC 单粒子效应实验数据,并开展了故障注入、故障诊断、软错误预估和抗单粒子效应加固方面的研究。

1.5 本书研究内容

本书以 Xilinx 公司 28nm Zynq-7000 SoC 为对象开展研究,提出 SoC 单粒子效应测试方法,建立 SoC 单粒子效应测试系统,为模拟封装材料中铀、钍杂质所产生的α粒子造成的单粒子效应,开展 SoC α粒子单粒子效应加速实验,实验获得 Xilinx Zynq-7000 SoC 不同模块的单粒子效应截面及错误类型。为了更加深入地开展 SoC 单粒子效应机理研究,确定 SoC 单粒子效应敏感模块位置,开展 Xilinx Zynq-7000 SoC 重离子微束辐照实验,实验获得多个模块的单粒子效应敏感位置。此外,还开展了重离子宽束辐照、质子和中子辐照实验研究,获得了不同粒子的单粒子效应敏感度。为了进一步确定有关模块内的单粒子效应敏感电路,建立 SoC 软件故障注入系统,进行大量的故障注入实验,确定寄存器、存储器及部分外设单元的敏感单元。为了在 SoC 设计阶段完成 SoC 单粒子敏感模块评估,建立基于硬件描述语言(Verilog hardware description language,Verilog HDL)的 SoC 仿真故障输入系统,以 OpenRISC 1200 SoC 为实验对象,开展单粒子翻转、固定 0 和固定 1 三种故障类型的故障注入实验,确定 OpenRISC 1200 内部不同模块的软错误敏感性(soft error sensitivity,SES)。本书还采用贝叶斯网络(Bayesian network)分析方法,通过构建 SoC 贝叶斯网络，实现 SoC 单粒子翻转故障诊断，并且提出 SoC 单粒子效应故障诊断系统模型。应用概率安全分析方法(probabitistic safety analysis，PSA)实现对 SoC 单粒子效应可靠性评估，通过建立 Xilinx Zynq-7000 SoC α粒子软错误故障树(fault tree，FT)，采用定性和定量分析方法确定 SoC 内部的敏感模块，计算 SoC 系统、子系统及不同功能单元的故障率、不可用度和平均故障间隔时间(mean time to failure，MTTF)，确定导致系统失效最为严重的故障序列。此外，采用故障模式和效应分析方法，评估对系统危害最为严重的故障模块和故障模式。最后，提出了几种 SoC 抗单粒子效应加固方法，并应用辐照实验进行了测试验证。

根据上述主要内容，本书安排如下。

第 1 章：绪论，介绍 SoC 单粒子效应的研究背景、国内外研究现状及存在的问题，论述 SoC 单粒子效应研究的意义和重要性。

第 2 章：以 Xilinx Zynq-7000 SoC 为研究对象，提出 SoC 单粒子效应测试方法，建立 SoC 单粒子效应测试系统，并介绍 SoC α粒子单粒子效应实验。

第 3 章：介绍 SoC 重离子单粒子效应实验研究，包括 SoC 重离子微束实验和宽束辐照实验，确定 SoC 不同功能模块单粒子效应敏感位置、分布特征及其单粒子效应截面。

第 4 章：介绍开展的 SoC 质子和中子单粒子效应实验研究及其结果。

第 5 章：建立基于 Xilinx Zynq-7000 SoC 软件故障注入系统，介绍 CPU 寄存器、存储器、直接存储器(direct memory access，DMA)访问和同步队列串行接口(quad serial peripheral interface，QSPI)-Flash 控制器故障注入实验，确定系统内不同模块的单粒子效应软错误敏感单元。

第 6 章：介绍基于 Verilog HDL SoC 模拟故障注入研究，通过建立 SoC 模拟故障注入系统，以 OpenRISC 1200 SoC 为研究对象，进行模拟故障注入实验和软错误敏感性分析。

第 7 章：应用概率安全分析方法和故障模式与效应分析(failure mode and effects analysis，FMEA)方法，介绍 SoC 软错误可靠性、敏感模块、薄弱环节和危险故障模式评估。

第 8 章：介绍基于贝叶斯网络的 SoC 单粒子效应故障诊断研究，采用贝叶斯网络分析方法，实现对 SoC 单粒子效应故障诊断，提出 SoC 单粒子故障诊断系统模型。

第 9 章：介绍结构化标签的 SoC 控制流错误(control flow error，CFE)检测技术和基于二分图极大权值匹配的 SoC 故障定位方法，应用于 SoC 的错误检测和故障定位。

第 10 章：介绍采取的 SoC 抗单粒子软件加固方法及辐照实验验证和新的加固方法研究。

第 2 章　SoC α粒子单粒子效应实验研究

1978 年，May 等[77]发表了α粒子导致动态随机存储器出现了单粒子翻转，人们才意识到集成电路封装材料中所含的微量 ^{232}Th 和 ^{238}U 杂质会通过自然衰变产生α粒子导致集成电路出现单粒子效应。那么，半导体器件中的掺杂剂 ^{10}B 吸收大气中的热中子产生的 ^{7}Li 和α粒子同样也会导致半导体器件出现软错误。因此，α粒子成为一种不可忽视的导致集成电路软错误的原因。SoC 具有集成度高、特征尺寸小、工作电压低的特点，因此很有必要开展 SoC α粒子单粒子效应实验，研究 SoC 单粒子效应错误类型和敏感性参数，以及封装材料对 SoC 可靠性的影响。

SoC 包含多种功能模块，内部结构复杂，集成度高，在辐射环境中容易遭受单粒子效应的影响，由于不同硬件电路结构不同，功能不同，因此具有不同的单粒子敏感性和错误表现类型。采用镅-241(^{241}Am)源模拟 Xilinx Zynq-7000 SoC 芯片封装材料产生的α粒子单粒子效应，通过实验获得 SoC 单粒子效应错误类型、不同模块单粒子效应截面和软错误率。

2.1　SoC α粒子单粒子效应实验设计

2.1.1　SoC 器件

Xilinx Zynq-7000 是 Xilinx 公司 2010 年发行的一款商用全可编程的 SoC，该款芯片采用台湾积体电路制造股份有限公司(Taiwan Semiconductor Manufacturing Company, TSMC)28 nm 高 K 金属栅(high-K metal gate，HKMG)的高性能、低功耗工艺。在单个芯片内集成了 ARM Cortex-A9 双核处理器 CPU 和 Xilinx-7 系列 FPGA，采用软件可编程和硬件可编程相结合的完全可编程方法，具有很大的灵活性、可配置性和可扩展性等优良性能。该芯片已成功应用在数据采集、图像处理、工业电机控制与成像技术、便携式医疗设备和广播摄像机等领域[78]。

Xilinx Zynq-7000 SoC 的系统结构图如图 2-1 所示，从图中可以看出 Xilinx Zynq-7000 可分为处理器系统部分和可编程逻辑(programmable logic，PL)部分，其中 PS 部分集成 ARM Cortex-A9 双核处理器、OCM、DMA 控制器、多种存储器接口、通信接口、侦测控制接口、通用中断控制器和复杂的互联系统等。每个独立的处理器都包含 32KB ICache 与 32KB DCache、双精度浮点运算单元、图形加速器、私有的定时器、看门狗和存储器管理单元，并且共享 512KB 的 L2Cache。

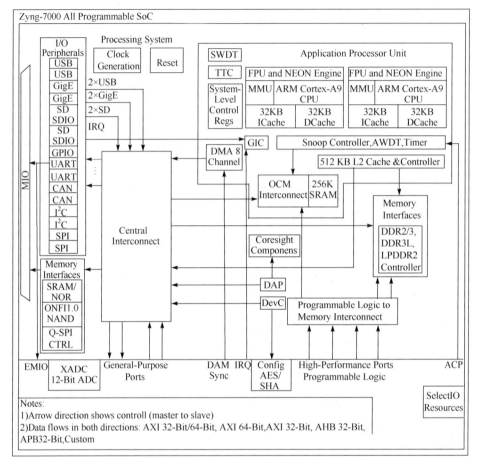

图 2-1　Xilinx Zynq-7000 SoC 系统结构图[78]

I/O Peripherals-I/O 外设；MIO-多用途 I/O 接口；EMIO-可扩展多用途 I/O 接口；SD-SD 存储卡；SPI-串行外设接口；
IRQ-中断应答；Central Interconnect-中央互联；Memory Interfaces-存储器接口；SRAM-静态随机存储器；Clock
Generation-时钟产生；Application Processor Unit-应用处理器单元；System-Level Control Regs-系统级控制寄存器；
MMU-存储器管理单元；SWDT-系统看门狗定时器；AWDT-私有看门狗定时器；TTC-三通道定时器；DMA-直接存
储器访问；GIC-通用中断控制；OCM Interconnect-片上存储器互联；AES/SHA-高级加密标准/安全散列算法；Snoop
Controller-监测控制；Timer-定时器；Programmable Logic to Memory Interconnect-可编程逻辑存储器互连；High-
Performance Ports-高性能接口；USB-通用串行总线；GigE-千兆以太网；GPIO-通用输入/输出端口；CAN-CAN 总线；
UART-通用异步收发器；I²C-I²C 总线；SRAM/NOR-SRAM/NOR 接口；ONFI 1.0 NAND- ONFI 1.0 NAND 接口；Q-SPI
CTRL-Q-SPI CTRL 接口；XADC 12-Bit-ADC-12 位模拟/数字转换控制器；General-Purpose Ports-通用端口；DMA Sync-
DMA 同步端口；IRQ-中断请求端口；Config AES/SHA-AES/SHA 加密配置端口；High-Performance Ports-高性能端口；
ACP-ACP 端口；Programmable Logic-可编程逻辑；SelectIO Resources-SelectIO 资源

双处理器可以启用单处理器工作模式和双处理器工作模式，并且在对称或非对称
的工作模式下都可以良好的运行。PL 部分基于 Xilinx-7 系列 FPGA，具有强大的
可配置能力和可扩展性，硬件资源包括可配置逻辑块(configuration logic block，
CLB)、36KB 块随机存储器(block random access memory，BRAM)、数字信号处理

器(DSP48E1 slice)、时钟管理、可配置 I/O、低功耗串行收发器、模拟/数字转换器，以及集成用于 PCI-Express(peripheral component interconnect express)的接口模块。Xilinx Zynq-7000 SoC 采用高级可扩展接口(advanced extensible interface，AXI)总线系统进行内部互联，PS 和 PL 之间通过多种端口进行互联和耦合，包括 AXI 高性能端口(AXI high performance port，AXI_HP)、AXI 通用端口(AXI general purpose port，AXI_GP)、AXI 加速器一致性端口(AXI accelerator coherency port，AXI_ACP)和可扩展多用途 I/O 接口(extented multiplexed input/output，EMIO)等。

2.1.2　Xilinx Zynq-7000 SoC 单粒子效应测试系统

1. 测试系统总体设计

Xilinx Zynq-7000 SoC 单粒子效应测试系统由两部分相对独立的软件组成，分别是上位机测试管理软件和下位机 SoC 单粒子效应测试软件。上位机测试管理软件在计算机终端运行，负责与用户进行交互，控制下位机 SoC 单粒子效应测试软件的运行以及测试结果的采集；下位机 SoC 单粒子效应测试软件主要负责加载单粒子效应测试程序，反馈测试结果给上位机测试管理软件。

基于系统的设计思路和设计目标，Xilinx Zynq-7000 SoC 单粒子效应测试系统的设计框图如图 2-2 所示，主要工作流程分为以下几个步骤：

(1) 上位机测试管理软件接受用户的输入与配置。

(2) 上位机测试管理软件发送测试命令给下位机 SoC 单粒子效应测试软件，

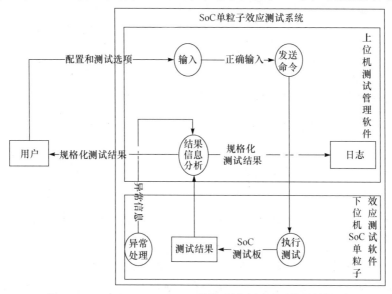

图 2-2　Xilinx Zynq-7000 SoC 单粒子效应测试系统设计框图

如测试模块、测试次数等。

(3) 下位机 SoC 单粒子效应测试软件接受上位机命令加载测试程序(benchmark)，按照配置执行测试。

(4) 下位机 SoC 单粒子效应测试软件将测试结果反馈至上位机测试管理软件，并将结果记录在日志中。

(5) 针对下位机执行过程中出现的异常，进行异常处理，并且将异常信息反馈至上位机的测试管理软件。

为了针对 SoC 内部各种不同的硬件模块进行单独及综合测试，上位机测试管理软件统一管理测试流程，而下位机 SoC 单粒子效应测试软件根据指令进行相关硬件测试，下面分别介绍这两个部分。

2. 上位机测试管理软件

Xilinx Zynq-7000 SoC 上位机测试管理软件是整个测试系统的中枢系统，其界面如图 2-3 所示，主要负责执行用户输入的各种配置信息，并且对测试结果进行采集。

图 2-3　Xilinx Zynq-7000 SoC 上位机测试管理软件界面

依据上位机的测试管理软件执行的功能，主要的功能模块如下。

(1) 串口配置：串口是上、下位机进行通信的方式，本系统采用 UART-USB (universal asynchronous receiver transmitte-universal serial bus)转换接口，其配置参数包括串口名、波特率、奇偶位、数据位和停止位。实验中采用的配置方式为

(COM1，115200，None，8，1)。

(2) 测试方式配置：包括输入测试次数、测试模块等。根据需求能够进行测试的硬件模块有寄存器、L1 高速缓存(L1Cache)、浮点运算单元(floating point unit, FPU)、整数运算单元(arithmetic logic unit, ALU)、存储器、外设单元和 PL 模块。

(3) 测试流程控制：负责控制测试的流程，如测试的开始、停止和退出。

(4) 日志管理：负责查看测试信息和记录测试结果。根据测试结果的要求，日志信息包括测试模块、测试时间、总次数、正确次数、错误次数和错误类型等。对于不同的硬件单元记录的信息不同，寄存器模块记录出错的寄存器、正确值和错误值；存储器模块记录出错地址、正确数据和错误数据；其他模块类似，主要记录正确结果、错误结果和出错的位置信息。

(5) 协议分析：负责对收到的数据进行分析，按照设计要求给出规格化的测试信息。例如，根据规定字节位上二进制信息，记录测试模块和测试结果。

以上主要对上位机测试管理软件的主要功能做了介绍，操作界面采用 Visual Studio 2013 软件编写。

3. 下位机 SoC 单粒子效应测试软件

下位机 SoC 单粒子效应测试软件主要包括硬件单粒子效应测试程序、异常处理模块、协议分析模块、初始化硬件模块和串口通信模块。本部分主要对不同模块的单粒子效应测试方法进行详细介绍，主要包括 Register 测试、Cache 测试、ALU 测试、FPU 测试、存储器测试、外设单元测试和 PL 模块测试。为了能够更好地分析错误发生的位置，系统发生异常时，会自动记录 CPU 通用寄存器和程序状态寄存器的值。

1) Register 测试方法

Register 测试主要测试 ARM Cortex-A9 CPU 中的通用寄存器，测试程序采用 ARM 汇编语言编写，首先保存被测试寄存器的当前值到指定的内存地址中，使用立即数方式直接对被测试寄存器进行赋值(0xFF)。其次从寄存器中读取数据到指定内存地址中。最后将寄存器的原始值赋予被测试寄存器。辐照过程中不断进行寄存器赋值和读取操作，查看从内存中取出寄存器读出的值与写入的值是否一致。如果数据一致，说明寄存器正常，如果数据不一致，则说明出现单粒子效应，记录出错的寄存器和错误数据。

2) Cache 测试方法

Cache 模块位于 CPU 与内存之间，存取速度比一般的 SRAM 要快，用于存储临时数据和指令，提高处理器读取的速度和性能。Cache 分为 DCache 和 ICache。CPU 调用数据和指令时，先在 Cache 中寻找，如果数据和指令存在，则无须访问内存；若不存在，则从内存中调用。Cache 测试主要通过处理器提供的接口对 Cache 进行配置和测试，使用的指令包括 Cache 刷新(Cache flush)指令和 Cache 无效(Cache invalidate)指令。对 Cache 写入已知测试数据，使用 Cache flush 指令，将 Cache 中的数据写入内存当中，清空 Cache，重新对 Cache 写入新数据，使用 Cache invalidate 指令无效 Cache 中的新数据，将内存中的已知测试数据读入 Cache 中。最终将 Cache 中数据读出进行比较，查看 Cache 中的值与测试数据是否相同。该测试对 Cache 的读出与写入功能进行验证。如果数据一致，说明 Cache 功能正常；若不一致则说明 Cache 出现单粒子效应，记录出错数据。

3) ALU 测试方法

ALU 为 CPU 整数运算单元，主要进行二进制算术运算、逻辑运算、移位运算和较为复杂的算术运算。针对 ALU 的不同功能，分别设计相应的算法，通过执行不同算法验证 ALU 的功能是否正常。辐照过程中将 ALU 的计算结果与已知的正确结果进行比较。若结果正确，则说明 ALU 正常；若结果不一致，说明 ALU 出现单粒子效应，记录错误运算值。

4) FPU 测试方法

FPU 专门用来进行浮点数运算。典型的运算有浮点数的加减乘除及其他数学运算。对 FPU 进行测试，则需要通过进行浮点数的运算验证 FPU 的功能是否正常。测试中执行快速傅里叶变换(fast Fourier transform, FFT)算法。采用的是频域抽取快速傅里叶变换(decimation-in-frequency FFT，DIF-FFT)，从输入端开始，逐级进行，共进行 M 级运算，在进行第 L 级运算时，依次求出 $(2L-1)$ 个不同的旋转因子，然后计算其对应的 2^{M-L} 个蝶形。辐照过程中读取 FFT 的计算结果，并与正确值进行比较，若结果不一致，说明 FPU 出现单粒子效应，记录出错数据。

5) 存储器测试方法

存储器是 SoC 非常重要的单元，分为片内 OCM 和片外第三代双倍速率同步动态随机存取存储器(double data rate three synchronous dynamic random access memory，DDR3 SDRAM)主要用于存储程序中的数据与指令。辐照中针对存储器指定的地址范围写入和读取数据，将已知数据 0xAAAAH、0x5555H 和 0xA5A5H 写入指定的内存地址范围，然后读取存储器中的数据与已知数据进行比较。若数据不一致，说明发生单粒子翻转；数据一致，说明存储器正常。

6) 外设单元测试方法

外设单元测试包括直接存储器访问 DMA 测试、通用中断控制器测试(generic interrupt controller, GIC)和 QSPI-Flash 控制器测试。DMA 控制器主要用于进行大量的数据传输，如存储器至外设、存储器至 PL 和存储器至存储器。DMA 测试主要是验证数据在 DDR3 中的不同地址范围内是否能够正常转移，DMA 包含 8 个通道，因此针对每一个通道展开测试。首先，在指定的地址范围内写入已知数据，DMA 收到数据传输命令后，将指定地址内的数据传输至另一存储器地址

范围内。传输结束后将两个地址范围内的数据进行比较,若结果不一致,说明 DMA
出现单粒子效应。GIC 主要用于处理 PS 与 PL 中出现的中断,如软件中断、私有
和共享外设中断。测试中通过设置 GIC 相关的中断向量表,查看系统能否正常产
生中断和处理中断。由于 CPU 主要是通过外设控制器中的寄存器对 QSPI-Flash
控制器进行控制,QSPI-Flash 控制器测试主要是对控制器内部的寄存器进行测试,
通过对控制器中的相关寄存器写入已知值,然后与读出值进行比较,判断 QSPI-
Flash 控制器的功能是否正常。

7) PL 模块测试方法

PL 为 SoC 中的可编程逻辑部分,对其采用动态的测试方法进行测试,即采
用硬件可描述(VHSIC hardware description language, VHDL)设计一种特定的电路,
尽可能多地利用 PL 的片上资源,检验该电路功能是否正常,查看 PL 是否出现单
粒子效应,实验过程中对运算的结果进行比较。若结果不一致,则说明 PL 部分
出现单粒子效应,并记录错误值。

以上是 Xilinx Zynq-7000 SoC 的主要测试方法,为了更好地应对 SEFI,采用
看门狗电路进行中断后系统功能复位。测试程序采用 Vivado 2013.4 软件和 SDK
2013.4 软件进行编写,Vivado 设计软件提供了高度统一的设计环境,并配置有全
新的系统级和芯片级工具,可采用 IP 集成的方法进行 SoC 嵌入式系统设计,大
大提高了设计的效率和速度,即采用 IP 核复用技术在系统级对 SoC 进行设计。
SDK 软件是进行嵌入式系统与 SoC 软件语言开发的工具,可采用 C 语言与汇编
语言设计应用程序,并且可以对 ARM 进行调试。因此,采用以上两款软件开发
下位机 SoC 单粒子效应测试软件。为了实现测试系统的简洁化,将实验测试程序
制作成镜像文件 BOOT.BIN 的形式,存储至安全数字存储(secure digital memory,
SD)卡中。当 SoC 测试板上电以后,通过片上 BootROM 将测试程序引导、加载至
外部存储器中。

2.2　SoC α粒子单粒子效应实验

芯片封装材料中含有 ^{232}Th 和 ^{238}U 杂质发射的α粒子,穿过器件敏感区沉积
能量,产生的电子-空穴对被收集后,导致集成电路发生单粒子效应。为了模拟
Xilinx Zynq-7000 SoC 封装材料产生的α粒子,并且对 SoC 的软错误可靠性进行评
估,选用 ^{241}Am α粒子源,能量为 5.486MeV,注量率为 332.5cm^{-2}·s^{-1},LET 值为
0.576(MeV·cm^2)/mg,硅中射程为 28μm 进行实验。实验开始前,对 SoC 进行开盖
处理,保证α粒子能够穿透芯片表面金属层到达 SoC 敏感区。辐照实验方法基于
JESD89A 半导体器件α粒子软错误测试标准,针对 Xilinx Zynq-7000 SoC 的
Register、ALU、FPU、OCM、Cache、PL 和外设模块开展测试,其中 PS 和 PL 模

块的内部工作电压均为 1.0V，PS 的 I/O 电压为 3.3V，PS 中 CPU 的时钟频率为 667MHz。实验主要对单粒子效应中的 SEU、SEFI 和 SEL 进行测试。

2.2.1 实验测试硬件系统

SoC α粒子单粒子效应测试系统组成框图如图 2-4 所示，主要包括上位机控制电脑、电流监测单元和 SoC 测试板。

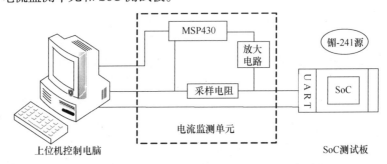

图 2-4　SoC α粒子单粒子效应测试系统组成框图

下、上位机之间通过 UART-USB 接口进行通信，上位机将测试信息通过 UART 口传入下位机测试板，下位机收到信号后，加载测试程序，将测试结果通过 UART 口回传至上位机保存。上位机控制电脑是整个实验流程的控制中枢，负责控制整个系统的操作，包括测试模块选择、测试次数选择和实验结果记录。电路监测单元负责监测实验过程中电流的变化情况，通过在电路中串接一个 0.05Ω 采样电阻，将采样电阻上的电压降经过放大电路送入 MSP430 单片机，利用 MSP430 单片机上的模拟/数字转换功能将压降值转化成电流信号传输至上位机控制电脑。

下位机 SoC 测试板选用安富利公司推出的 MicroZed SoC 开发板，如图 2-5 所

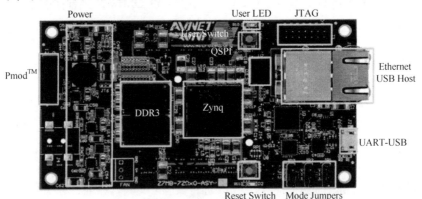

图 2-5　MicroZed SoC 开发板

Pmod-外设模块接口；Power-电源；User LED-用户 LED；Mode Jumpers-模式跳转接口；Reset Switch-复位开关；QSPI-队列串行外设接口；Ethernet USB Host-以太网络/USB 接口；UART-USB-通用异步收发器-USB 接口；JTAG-联合调试接口

示，该款开发板集成 Xilinx Zynq-7000 SoC、1 GB DDR3 外部存储器、128 MB QSPI-Flash 控制器、4 GB SD 卡、以太网口、UART-USB 接口和多个扩展接口。利用 Vivado 软件和 SDK 软件对测试板进行软硬件开发，可以通过三种方式进行程序加载，如 JATG 加载、SD 卡加载和 Flash 加载方式。例如，2.1.2 小节所述实验将所有的下位机程序制作成 BOOT.BIN 文件存储至 SD 卡中，通过 SD 卡加载测试程序。

2.2.2　SoC α 粒子单粒子效应测试流程

SoC α 粒子单粒子效应测试流程如图 2-6 所示，包括以下几个步骤。

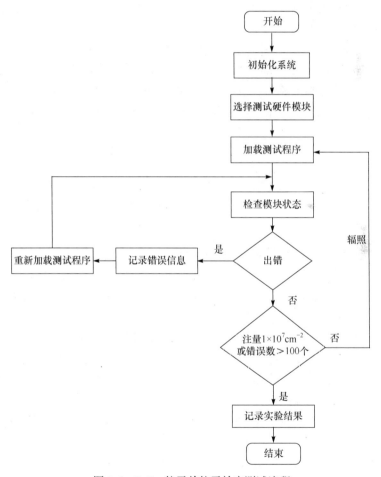

图 2-6　SoC α 粒子单粒子效应测试流程

(1) 实验开始，确定测试系统连接正常，SoC 测试板上电，系统进行初始化操作。

(2) 通过上位机测试管理软件，选择测试硬件模块进行测试。

(3) 开启测试，下位机加载测试程序启动正常后，将 ^{241}Am α粒子源放置在芯片表面。

(4) 检查被测试模块状态，若出现错误，测试板将错误信息反馈至上位机测试管理软件，记录错误信息，然后重新加载测试程序，若未出现错误，测试继续进行。

(5) 测试停止判断：若粒子注量超过 1×10^7cm^{-2} 或者错误数超过 100 个，则该模块实验停止；若未达到实验停止条件，实验继续进行。

(6) 实验停止后，上位机测试管理软件记录实验结果，通过打开日志文件查看实验时间和错误信息。

(7) 用镊子夹走 ^{241}Am α粒子源，妥善保管。

(8) 实验结束后，整理好实验平台，将 SoC 测试板放置于专用保管盒内保存。

以上为实验的整个流程，对于不同的模块进行测试，重复步骤(2)～(6)即可，最终统计不同模块的单粒子效应表现类型和单粒子效应错误数，进行单粒子效应截面计算。

2.3 实验结果及分析

2.3.1 单粒子效应截面

本次实验依次对 8 个模块进行单独测试，实验过程中根据 SoC 系统的响应，主要出现的错误类型如下。

(1) 数据错误(data error，DE)：SEU 造成的内存数据出错或者计算结果错误，如存储器 SEU 与 FPU 计算结果错误。

(2) 程序中断(program interrupt，PI)：测试程序运行时出现中断，经过软复位后，程序重新加载，系统恢复正常状态。这种类型错误不会对系统造成永久损害，通过软复位即可恢复正常。

(3) 程序超时(time out，TO)：正常情况下，测试程序的运行都具有一定的时间，但是由于α粒子辐照造成程序运行时间延迟，即在规定的时间内程序没有运行结束。

(4) 系统停止(system halt，SH)：程序运行出现死锁现象，无任何信息输出，采取软复位措施无效，只有通过断电重启，系统才能够恢复正常。这应该是由于辐照造成的系统运行进程紊乱或者系统崩溃。

根据式(2-1)计算单粒子效应截面，获得表 2-1 所示的 Xilinx Zynq-7000 SoC 单粒子效应测试结果。

$$\sigma = \frac{N}{\Phi} \tag{2-1}$$

式中，σ 为单粒子效应截面，单位为 cm^2；N 为器件发生单粒子效应的次数；Φ 为粒子入射的注量，单位为 cm^{-2}。

表 2-1　Xilinx Zynq-7000 SoC 单粒子效应测试结果

模块名称	数据错误	程序中断	程序超时	系统停止	注量/cm^{-2}	截面/cm^2
PL	30	6	0	4	$2.70×10^8$	$1.48×10^{-7}$
Register	0	11	0	0	$7.99×10^8$	$1.38×10^{-8}$
DMA	6	7	6	0	$3.07×10^8$	$6.19×10^{-8}$
DCache	5	13	0	0	$9.92×10^8$	$1.81×10^{-8}$
ALU	0	4	0	0	$7.99×10^8$	$5.00×10^{-9}$
OCM	29	2	0	0	$3.28×10^7$	$9.45×10^{-7}$
QSPI-Flash 控制器	2	0	0	0	$1.53×10^9$	$1.30×10^{-9}$
FPU	3	11	0	0	$7.99×10^8$	$1.75×10^{-8}$

从实验结果可以看出，造成 Xilinx Zynq-7000 SoC 故障的主要错误类型为数据错误和程序中断，这两种错误达到故障总数的 90%以上，严重影响了 SoC 的可靠性。因此，对于纳米级 SoC，其器件特征尺寸的减小，工作电压的降低，集成度的增加，导致单粒子翻转和单粒子功能中断越来越多，产生的机理更加复杂，特别是对于单粒子功能中断，表现的形式更加多样。对于单粒子翻转可采用冗余、错误检测与纠正码(error correcting code，ECC)等技术进行抗辐射加固，但是如何对多位翻转和单粒子功能中断进行防护，成为一个严峻的问题。实验结果也表明，OCM、PL、DCache、DMA 对单粒子效应比较敏感，单粒子效应截面较大，出现的错误较多，错误类型也多。其中，OCM 的单粒子效应截面最大，其次是 PL 模块，说明这两个模块是影响 Xilinx Zynq-7000 SoC 可靠性的关键模块。实验中，未监测到电流急剧增大的现象，说明该款芯片对 SEL 的抵抗能力较强。

2.3.2　软错误率计算

SoC α粒子单粒子效应实验主要是为了模拟芯片封装材料中的 ^{232}Th 和 ^{238}U 杂质发射的α粒子产生软错误的加速实验，因此结合芯片封装材料的α粒子发射率，采用式(2-2)可以计算自然条件下 SoC 内不同模块的软错误率，采用 FIT 衡量软错误率的大小，1FIT 代表每 10^9 个器件每小时发生 1 次故障[79]。

$$SER = 10^9 xy / z \qquad (2-2)$$

式中，SER 为软错误率，单位为 FIT；x 为封装材料中α粒子发射率，单位为 $cm^{-2} \cdot h^{-1}$；y 为单位时间错误数，单位为 min^{-1}；z 为α粒子源注量率，单位为 $cm^{-2} \cdot min^{-1}$。其中，$x = 0.001cm^{-2} \cdot h^{-1[80]}$，结合 Xilinx Zynq-7000 SoC α粒子单粒子效应的实验结果，经过计算获得自然条件下 SoC 不同模块的软错误率和故障率，见表 2-2。

表 2-2　Xilinx Zynq-7000 SoC 不同模块软错误率及故障率

模块名称	软错误率/FIT	故障率/h⁻¹
PL	0.1510	1.51×10^{-10}
Register	0.0128	1.28×10^{-11}
DCache	0.0181	1.81×10^{-11}
DMA	0.0617	6.17×10^{-11}
OCM	0.9424	9.42×10^{-10}
ALU	0.0050	5.00×10^{-12}
FPU	0.0175	1.75×10^{-11}
QSPI-Flash 控制器	0.0013	1.31×10^{-12}

根据计算结果可以得出，OCM 模块的软错误率最大，即在自然条件下 OCM 单位时间内出现软错误的次数最多，而 QSPI-Flash 控制器的软错误率最小，说明 QSPI-Flash 控制器出现软错误的次数最少。这也说明在自然条件下 Xilinx Zynq-7000 SoC OCM 模块比其他模块更容易受到器件封装材料中α粒子的影响。

2.3.3　实验结果分析

通过对实验结果的分析，初步了解 Xilinx Zynq-7000 SoC 内部不同模块的单粒子效应敏感性，而且对于具体的出错原因，应该加以分析和讨论。

1. PL 实验结果分析

PL 测试过程中出现的错误类型主要是 SEU 数据错误和程序中断，由于进行的是 FPGA 动态测试，设计电路中使用到的资源包括配置存储器、触发器、查找表(look up table，LUT)、DSP 和全局时钟缓冲器(global clock buffer，BUFG)，因此造成这两种错误的原因比较复杂。PL 是基于 Xilinx Zynq-7000 系列的 28nm SRAM 型 FPGA，造成 SEU 最可能的原因是配置存储器、查找表和触发器的错误。图 2-7 所示为 Xilinx FPGA 底层结构，其中 M 为配置存储器，配置存储器 SEU 是造成 FPGA 功能故障的主要原因[81-82]。FPGA 的具体功能是通过比特流文件下载到 FPGA 的配置存储器中，配置存储器对电路中操作数复用单元(Operand_ muxes)、开关与互联进行控制，完成各种资源的配置和利用，最终实现电路设计的功能。因此，配置存储器中的配置数据发生 SEU，会导致电路的功能发生改变。

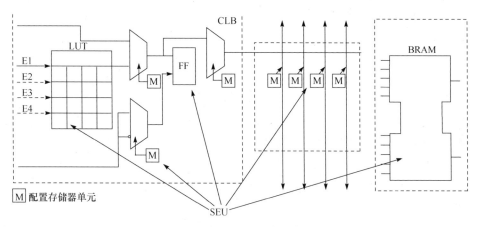

图 2-7　Xilinx FPGA 底层结构
LUT-查找表；FF-触发器；CLB-配置逻辑单元；BRAM-块存储器；SEU-单粒子翻转

　　CLB 包含 2 个 Slice，并且 Slice 分为 SLICEL 和 SLICEM。SLICEL 主要实现算术运算和逻辑运算，而 SLICEM 可扩展为分布式存储器和移位寄存器。Slice 主要由 LUT、触发器和操作数复用单元组成，作为 FPGA 的主要组成部分，LUT 主要实现 FPGA 的逻辑功能，相当于 SRAM 单元，根据输入可以查找对应地址的输出。因此，LUT 出现 SEU 时，会导致 FPGA 逻辑功能紊乱，使计算结果出错。LUT 的输出结果通过操作数复用单元传输至触发器，因此触发器发生 SEU，也会造成电路出现数据错误。功能中断是由于辐射造成了联合调试接口(joint test action group, JTAG)、SelectMAP 接口、全局逻辑控制等控制电路出现故障造成 PL 运行中断。对于 PL 部分，可采用三模冗余、动态重配置与定期刷新等方法进行抗辐射加固。

　　2. 寄存器实验结果分析

　　寄存器实验结果主要为程序中断，并未测到 SEU。实验过程中，采用立即数赋值方式为被测试寄存器赋值 0xFF，即寄存器的值通过外部存储器 DDR3 加载，然后将被测寄存器中的值存储至 DDR3 中的指定地址，最终从 DDR3 中读取被测试寄存器的值，查看与 0xFF 是否相等。CPU 的时钟频率为 667MHz，而 DDR3 时钟频率为 200MHz，当寄存器发生 SEU 后，DDR3 读取速度较慢，寄存器值发生变化后还未存储至外部存储器中，就立即被赋值更新，因此未观察到SEU。对于程序中断，产生的原因比较复杂，通常CPU内部的寄存器分为通用寄存器和专用寄存器。通用寄存器用于保存数据与指令等一些局部变量和临时结果，而专用寄存器具有特定的功能，一般用于维持处理器流水线的正常操作、异常处理和记录CPU状态，如程序计数器(programma counter，PC)和状态寄存器。当专用寄存器出现SEU时，容易影响指令的正常操作，从而影响程序的正常运行，导致系统出现中断、死锁和跑飞等现象。

导致功能中断的SEU发生的具体位置，可以根据如图2-8所示ARM指令代码形式进行分析，图中表示了一条指令在寄存器中的存储方式。由图可以看出，ARM的指令一般分为五个域：第一个为条件代码域Cond[31：28]；第二个为指令代码域Opcode[27：20]，即寄存器进行各种操作的指令码；第三个为源地址Rn[19：16]，第一个操作数或源寄存器；第四个为目标地址Rd[15：12]；第五个为第二个操作数[11：0]。因此，同一寄存器中SEU发生的位置不同，造成的程序运行后果也会有所差别。例如，若SEU发生在指令代码域Opcode，则会改变指令原有的操作方式，造成数据运算结果出错、逻辑运算出错、未定义指令中断或者程序中断。若SEU发生在Rd或者Operand2区域，会造成运算结果出错、目标地址出错、指令预取(instruction fectch，IF)中止或者数据访问中止。

31：28	27：25	24：21	20	19：16	15：12	11：0
0000	001	0100	1	0100	0001	0000000010
Cond	Opcode			Rn	Rd	Operand2

图 2-8　ARM 指令代码形式

Cond-条件代码域；Opcode-指令代码域；Rn-源地址；Rd-目标地址；Operand2-第二个操作数

3. DMA 结果分析

DMA主要用于外设与存储器、存储器与存储器、存储器与PL之间的数据传输。当DMA收到CPU发送的指令后，CPU将总线控制权交给DMA控制器使用，CPU不再参与。因此，通过比较两个外部存储器区域之间的数据是否相等，验证DMA在辐照中是否发生了单粒子效应。实验观察到原始数据从源地址向目标地址传输时，数据传输的目标位置发生了变化，并未按照指定的位置进行传输，即数据出现了地址偏移，部分数据的目标地址产生了变化。根据DMA的结构和工作原理进行分析，DMA控制器收到命令后进行初始化，传输开始时，通过DMALD命令从原地址位获取数据存入DMA内部的数据缓冲区，然后按照设定的地址位存储到相应的存储空间，一次4字节传输，传输结束后，地址增加。与

DMA 控制器传输过程中相关的寄存器主要有源地址寄存器(source address register，SAR)、目的地址寄存器(destination address register，DAR)和通道控制寄存器(channel control register，CCR)。DMA 错误原理如图 2-9 所示，正常传输过程中，一次传输完成，SAR 和 DAR 自动更新，指向下一次传输的地址，只有当 DAR 的更新值产生变化时，才会造成下次数据传输位置发生异常，即 DAR 发生 SEU。

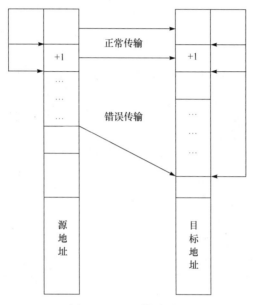

图 2-9　DMA 错误原理

4. Cache 结果分析

DCache 测试中使用 Cache flush 指令和 Cache invalidate 指令测试 Cache 的主要功能。实验中 Cache invalidate 指令在部分数据行中出现了异常，即没有无效 DCache 中的新数据，将测试数据存入 Cache 中。对于这种类型的错误，应该结合 Cache 的工作原理进行分析。图 2-10 所示为 Cache 的基本结构图，Xilinx Zynq-7000 SoC 中的 L1 DCache 采用 4 路组关联结构，并且仅支持写回(write back，WB)/写分配策略。Cache 由 Cache 控制器和 Cache 存储器组成。Cache 控制器用来比较主存地址和 Cache 中相应的行，若一致，则 Cache 命中。Cache 存储器的基本组成单元为 Cache 行(Cache line)，每个 Cache line 包含 Cache 标签(Cache-tag)、有效位(v)、脏位(d)和存储数据(word)。Cache 控制器通过查询 Cache-tag 确定 Cache line 是否命中。采用写回/写分配策略，当 CPU 对 Cache 写入数据时，并不写入主存中，只有在进行 Cache line 替换时，若该行的 d =1，则将该行数据写入主存。有效位 v =1 时，该行数据有效；若 v =0，该行数据无效。实验中就是通过 Cache invalidate 指令将 Cache 中的有效位设置为无效位，但是多次发现无效并未成功，说明有可能是 Cache line 中的有效位 v 发生 SEU，导致 Cache 功能异常。此外，由于 L1Cache 的主要功能由 ARM 中的 CP15 协处理器控制完成，而 CP15 协处理器包含多个寄存器，当其中控制 L1Cache 无效化操作的寄存器出错时，则会造成 Cache 功能异常。通过分析，CP15 中的 c7 寄存器出错时，有可能导致 Cache 出现功能异常。

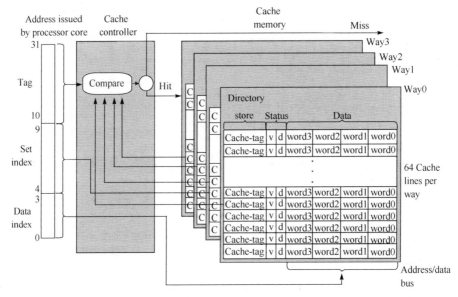

图 2-10　Cache 基本结构示意图[83]

Address issued by processor core-处理器处理地址；Tag-标签；Set index-集索引；Data index-数据索引；Cache controller-Cache 控制器；Cache Memory-Cache 存储器；Hit-命中；Miss-缺失；Way 0/1/2/3-0/1/2/3 路；Address/data bus-地址/数据线；Compare-比较；64 Cache lines per way-每路 64 条缓存线

5. 外设实验结果分析

实验观察到 QSPI-Flash 控制器发生两次数据错误，这两次数据错误主要是控制器内部的寄存器发生 SEU 导致的。ARM 核对外设的控制是通过读写外设控制器内部的控制寄存器(control register，CR)、数据寄存器和状态寄存器实现的。因此，SEU 发生在 QSPI-Flash 控制器内部的寄存器才会导致出现数据错误。

6. 程序中断分析

造成程序中断的原因很多，并且系统的不同，产生的原因比较复杂，但主要的问题还是出现在系统控制路径、控制模块和处理器指令流。例如，控制特定功能的控制寄存器出现 SEU；地址寄存器出现错误，形成了无法访问的地址空间，造成程序中断；指令寄存器出现错误，形成了未定义的指令，导致程序运行过程中无法继续执行，出现中断；程序状态寄存器或者程序计数器出错，导致程序控制流出错等。这些故障都可以通过复位重新加载测试程序解决。

　　SoC 集成度高，结构复杂，功能模块之间的关联紧密，辐射导致的系统失效不仅与软件测试程序相关，而且与硬件资源的利用有关。不同硬件模块的单粒子效应敏感性不同，并且失效机理比较复杂。随着器件特征尺寸越来越小，工作电压越来越低，工作频率越来越高，SoC 单粒子效应会越来越严重，导致系统失效的原因也会更加复杂多样。

2.4　本 章 小 结

　　本章提出了 SoC 单粒子效应测试方法，建立了 Xilinx Zynq-7000 SoC 单粒子效应在线测试系统，开展了 SoC 不同模块的α粒子单粒子效应实验，获得了 Xilinx Zynq-7000 SoC 单粒子效应错误类型，并分别计算了不同模块的单粒子效应截面和软错误率。实验结果表明，OCM、PL、DMA 和 DCache 模块的单粒子效应截面较大，对单粒子效应比较敏感，其中 OCM 对单粒子效应最为敏感，抵抗能力最弱。SEU 和 SEFI 是造成系统数据错误和程序中断的主要原因，并且不同模块失效的机理和原因都比较复杂。OCM 模块的软错误率最大，QSPI-Flash 控制器的软错误率最小，即自然条件下 OCM 最容易受到器件封装材料中α粒子软错误的影响。实验未观察到 SEL，说明该款 SoC 有比较好的抗 SEL 能力。

第 3 章　SoC 重离子单粒子效应实验研究

α粒子在硅中的射程比较短，但辐照实验方便易行，因此常作为单粒子效应测试系统的调试和加速器重离子辐照实验的预先研究。要判断器件的抗单粒子性能，必须开展加速器重离子辐照实验。

利用重离子宽束开展器件 SEE 实验，测量的是被辐照器件内部所有单元和电路响应的综合效果，可以给出器件的 SEE 总截面。但是宽束辐照无法得到器件不同区域的敏感位置分布，很难对器件单粒子效应的深层机理进行研究。采用重离子微束可以将重离子束斑从毫米级聚焦到微米级，对器件特定的位置进行辐照，找出 SEE 敏感区域，对 SEE 的机理进行深入研究，指导集成电路的抗辐射加固。对于复杂的电路和系统，可以通过微束辐照特定模块研究对其他模块和整个系统的影响。

SoC 包含功能模块复杂，不同模块的 SEE 敏感性不同，因此采用重离子微束辐照可以确定其内部不同模块的敏感区域和敏感位置，对于深入研究 SoC 单粒子效应机理有非常重要的意义。本章基于 Xilinx Zynq-7000 SoC，分别采用中国科学院近代物理研究所(IMP) 兰州重离子研究装置(heavy ion research facility in Lanzhou, HIRFL)的微束辐照装置和中国原子能科学研究院(CIAE)的 HI-13 串列加速器重离子微束辐照装置，开展 SoC 单粒子效应微束辐照实验，确定 SoC 单粒子效应敏感区域的分布，并利用重离子宽束辐照装置对不同处理器模式下的系统芯片单粒子效应情况进行了测试。

3.1　IMP 重离子微束辐照实验

3.1.1　IMP 重离子微束辐照装置

中国科学院近代物理研究所利用兰州重离子研究装置提供的中低能离子束流，采用磁聚焦的技术建造了中能重离子微束辐照装置。该装置通过水平偏转磁铁和两个 45°偏转磁铁结合四极磁铁，将束流垂直导入地下室，再由三组合四级透镜将束斑聚焦成微米级别，最终经过真空靶室将束流沿铅锤方向辐照到大气下的实验平台上[84-89]。图 3-1 所示为 IMP 重离子微束辐照装置总体结构示意图。该微束辐照装置具有离子种类多、能量范围宽、定位准确、束斑尺寸小以及扫描便捷等特点。

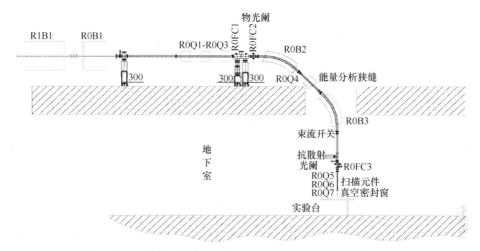

图 3-1　IMP 重离子微束辐照装置总体结构示意图[85](单位：mm)

RxFCx-法拉第筒；RxBx-偏转磁铁；RxQx-四级透镜

3.1.2　IMP SoC 重离子微束单粒子效应测试系统

IMP 重离子微束 SoC 单粒子效应测试系统如图 3-2 所示，其包括 IMP 重离子微束控制系统和 SoC 单粒子效应测试系统。该系统采用 IMP 研发的 CENA 软件实现对束流的控制和数据采集，包括束流开关控制、束流扫描设置、离子数统计、SEE 事件采集及成像等[90-91]。束流开关采用平行静电偏转板，当离子数目达到实验要求或者芯片出现损坏时，通过控制命令产生脉冲电压使束流偏离正常轨道实现停束。束流扫描元件采用水平与竖直扫描磁铁，能够按需改变入射离子的位置，并且结合可移动的样品平台，实现样品的快速辐照，提高单位时间的辐照点数和扫描位置的精确度。IMP 重离子微束辐照装置采用通道电子倍增器采集入射离子穿过氮化硅真空窗体产生的二次电子，通过电荷灵敏前置放大器及核电子学系统实现对离子个数的统计。实验中将实验样品(SoC 测试板)固定于三维移动样品平台上，通过步进电机可实现 X 轴、Y 轴和 Z 轴三个方向的移动，移动精度可达 0.5μm。SoC 测试系统采用研制的 Xilinx Zynq-7000 SoC 测试系统，能够对 SoC 内部多个模块进行测试，通过上位机控制和记录测试流程与测试结果。开展微束辐照实验需要对 SEE 事件快速记录成像，因此修改部分实验记录程序，采用 8 位二进制编码记录 7 个不同模块的状态，当测试模块正常时记录为 0，出现 SEE 事件记录为 1，通过 NI DAQ 8 通道数据采集卡，将数字信号 1 转换为模拟高电平信号，传输至束流控制系统，可进行敏感位置记录及成像处理。

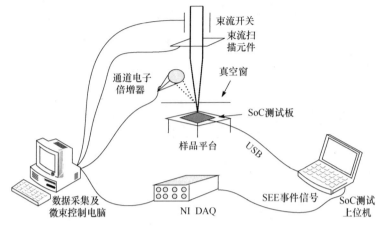

图 3-2　IMP 重离子微束 SoC 单粒子效应测试系统

如图 3-3 所示，SoC 微束单粒子效应软件系统主要包括四个模块：单离子扫描模块、主控制模块、单粒子效应测试程序与数据存储和二维成像模块。四个功能模块并行运行，主控制模块负责控制束流扫描方式，单粒子效应测试程序交互发送数据给成像模块进行 SoC 敏感点成像，其控制界面基于 LabVIEW 软件开发。单离子扫描模块记录的数据参数包括 x、y、n 和 t，其中 x 和 y 分别为扫描点的位置，n 为该位置轰击的离子数，t 为离子轰击的时间，并且 t 应该大于 SoC 模块测试程序运行时间。单粒子效应测试程序主要是将出现的 SEE 事件通过模拟高电平信号，传递给主控制模块。最终主控制模块将 x、y 和 SEE 事件，发送给数据存储和二维成像模块，进行 SoC SEE 敏感点成像。

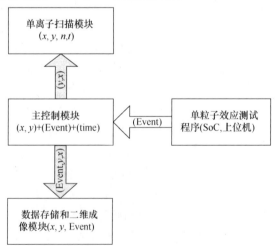

图 3-3　SoC 微束单粒子效应软件系统[91]

Event-单粒子效应事件；time-单粒子效应事件时间

3.1.3　IMP SoC 重离子微束单粒子效应测试方案

实验开展前对 SoC 进行开盖处理，保证入射离子能够穿透金属布线层。实验采用 Ni 离子，单位原子质量的能量为 6.9MeV/u，LET 值为 25(MeV·cm^2)/mg，硅中射程为 67μm[92]。实验主要针对 Xilinx Zynq-7000 SoC 的 PS 部分开展微束辐照，由于被辐照区域面积较大，为了节省束流时间，并满足实验要求，将 PS 分为 28 个微区，每个区域为 700μm×700μm，选择离子束斑直径为 20μm，X 轴和 Y 轴方向步长为 30μm，因此每个微区约为 14×14 的辐照点阵列。实验测试流程如图 3-4 所示，具体过程如下。

(1) 调束完成后，进行定标，保证离子束斑能够准确入射至指定靶位。将 SoC 测试板(ZedBoard 开发板)固定于样品平台上，通过显微镜和电荷耦合元件(charge-coupled device，CCD)完成 SoC 图像特征参数的提取，包括 SoC 特定辐照位置的坐标、面积和长短轴等。被辐照 SoC 样品面积过大，由于显微镜和 CCD 视野的限制，需要进行多帧图像的拍摄，最终将所有图像拼接成覆盖整个被辐照区域的完整图像，同时记录每帧图像的位置坐标，以便于控制系统调整每个辐照微区。

(2) 选择测试程序。通过 SoC 单粒子效应测试上位机选择具体的测试程序，针对不同的功能模块进行测试，从而确定待辐照的区域和相应的敏感区域。由于束流时间有限，本实验主要针对 SoC 的 PS 区域进行辐照，系统分别进行 OCM、Register 和 PL 测试。

(3) 确定扫描微区。将 SoC 被辐照的区域划分为 28 个微区(A0～A27)，并且记录每个微区的 X 轴与 Y 轴坐标，通过 CENA 软件设置具体的坐标及 X 轴和 Y 轴的长度，确定待辐照的微区。

(4) 设置扫描方式。扫描方式包括逐点扫描和定点扫描，逐点扫描主要是连续无间隔辐照，对于精确定位敏感点和敏感区域，逐点扫描是理想的选择。辐照区域面积较大时，耗费束流时间较长，因此采用定点扫描。所谓定点扫描，是指针对某些需要研究的器件节点，采取定位定靶针对性的辐照。实验采用间隔辐照，指的是在 X 轴或者 Y 轴方向，采用一定步长与相间的方式进行辐照。实验中，采用步长为 30μm，为了保证每个点的辐照时间大于系统 SEE 测试的响应时间，将每个点的辐照时间设置为 400ms，并且每个束斑的离子数设置为 100 个以内。

(5) SEE 事件检测。SoC 单粒子效应测试上位机能够及时将 SoC 中出现的单粒子效应事件记录下来并保存成 TXT 文档，利用 LabWIEW 程序，NI DAQ 采集卡将 TXT 文档中单粒子效应事件出现的数字信号转化为高电平信号，并通过微束控制系统记录下该辐照点的信息。若未出现单粒子效应事件，则继续下一个点辐照。

(6) 更换扫描微区。某一选定好的微区辐照结束后，需要重新设置下一个微区，通过设置 X 轴和 Y 轴坐标更换待辐照微区。

(7) 确定辐照区是否扫描完毕。不同的测试程序，待辐照的区域有所不同，因此在保证选好的所有微区都辐照结束以后，需要重新设置测试程序，重复(2)~(6)步骤。

(8) 数据处理及 SEE 成像。实验进行过程中，微束控制系统中的 CENA 软件已经记录每个微区中单粒子效应事件的具体位置和相对坐标，实验结束以后，拼接所有微区单粒子效应事件图像就可以完成该测试程序下单粒子效应事件分布图。

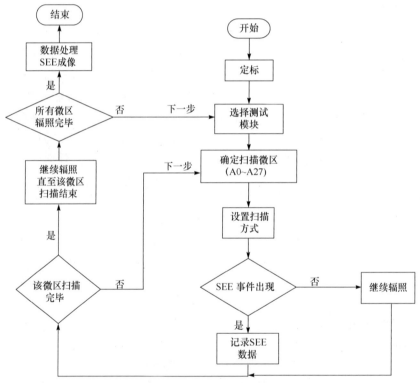

图 3-4　IMP SoC 重离子微束单粒子效应测试流程

3.1.4　IMP SoC 重离子微束单粒子效应测试结果

实验辐照 SoC 的 PS 部分，SoC 分别执行 OCM、Register 和 PL 单粒子效应测试程序，获得了这三种测试程序下的单粒子效应敏感位置分布，如图 3-5~图 3-7 所示，分别为 OCM、Register 和 PL 测试重离子微束辐照结果，图中黑色矩形点为 SEE 敏感点，白色矩形点为 SoC 表面固有的点。

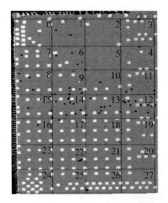

图 3-5　OCM 测试重离子微束辐照结果

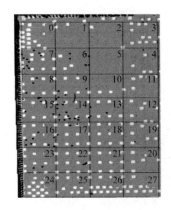 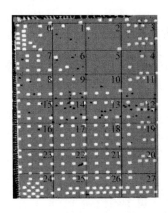

图 3-6　Register 测试重离子微束辐照结果　　图 3-7　PL 测试重离子微束辐照结果

　　根据图中单粒子效应敏感位置分布，可以得出以下四个结论：①测试程序不同，敏感位置分布不同。不同的测试程序，片上资源的利用有所差别，因此会呈现出不同的敏感区域分布。②对于 OCM 测试程序，单粒子效应敏感区域主要集中于 A2、A6、A13～A17 区域，并且在 A2 区域呈现近似直线的分布，说明该区域有规则排列的硬件敏感电路，可能为存储区域。Register 测试程序敏感区域集中于 A6、A7、A14 和 A16 区域，A14 区域附近单粒子效应敏感点最为集中，说明该区域分布着敏感寄存器。PL 测试程序敏感区域集中于 A6、A8、A9、A12～A15 区域，并且 A12～A14 区域敏感位置最为集中，说明在该区域集中分布着单粒子效应敏感电路。③对于三个测试程序而言，单粒子效应敏感区域集中于 A14 区域及附近，说明在这个区域存在片上的共同资源，应该是处理器分布区域。④PL 的测试结果说明，辐照 PS 区域会造成 PL 的测试结果出现异常，即 PS 区域发生单粒子效应会对 PL 的测试产生一定的影响。

　　通过该实验，初步了解了 SoC 单粒子效应敏感电路和敏感位置的分布特征。

如果能够在敏感区域采取抗辐射加固措施就可以降低系统发生单粒子效应的风险。由测试结果可以看出 SoC 内部功能模块较多，结构复杂，要进行详细的单粒子效应敏感位置分布研究，首先需解决两个问题，分别为 SoC 结构版图，详细的模块分布和更加完备的内部模块测试方法。此外，重离子微束的束流时间也是一个关键因素。

3.2　HI-13 重离子微束辐照实验

CIAE 的 HI-13 串列加速器是我国研究空间辐射效应的重要实验装置，能够加速多种离子，包括 H 离子和 C、O、F、P、Cl、Fe、Cu、Br、I 等重离子。2004年，CIAE 基于 HI-13 串列加速器建造了我国第一台重离子微束辐照装置，为星用微电子器件单粒子效应机理研究和抗辐射加固技术提供新的研究手段。

3.2.1　HI-13 重离子微束辐照装置

不同于 IMP 的重离子微束辐照装置，CIAE 的 HI-13 重离子微束辐照装置采用针孔准直技术。在被辐照样品和离子束流之间放置针孔准直器，阻挡住大部分的入射离子，只让极少数的离子通过，达到限束的目的。图 3-8 所示为 HI-13 重离子微束辐照装置平面布局图。该装置主要由 5 个部分组成：微束产生装置、显微镜定位装置、样品运动控制平台、束流注量检测装置和辐射效应检测系统[93-95]。整个微束装置位于内径为 1m 的圆柱形的靶室内部，开展实验时需要进行抽真空处理，以保证离子不与空气分子发生碰撞导致束斑扩大。

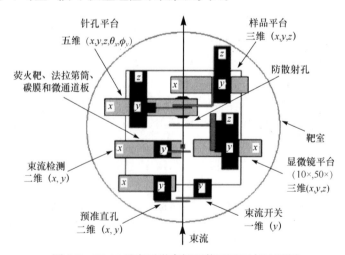

图 3-8　HI-13 重离子微束辐照装置平面布局图[93]

该装置具体的微束控制流程如下:

(1)通束。通过束流开关控制束流的开启和关闭,首先打开束流开关将离子束流导入真空靶室内部。

(2)调整束斑。束流进入靶室后,先通过预准直孔将束斑聚焦至毫米尺度,可选择的预准直孔有三种,分别为 0.35mm、0.58mm 和 1.1mm,本次实验选择 0.58mm 的预准直孔进行预准直。通过 X、Y 方向移动控制平台,选择需要的预准直孔对准束流端口。但是通过预准直孔的离子束斑不能满足实验要求,还需要结合针孔平台进一步限束以达到微米级。针孔平台上有直径为 100μm、30μm、20μm、10μm 的圆形针孔和经过刀片形成 2.5μm×3.5μm 束斑的长方形针孔,根据实验需求,选择 30μm 的针孔。

(3)离子注量检测。位于靶平台上的碳膜和微通道板探测器,用于监测束流的强度。主要是通过监测离子穿过碳膜时产生的二次电子,实现对束流注量的监测。

(4)坐标定位。SoC 测试板固定于样品平台上,样品尺寸为 81.5mm×76.5mm,如图 3-9 所示,被辐照 SoC 位于测试板正中间 30mm 处。图 3-10 为研制的 SoC 测试板。除 SoC 外,其他器件在测试板的背面,防止散射束流辐照其他器件。为了使被辐照的芯片和针孔能够对准,实现精确定位,首先将显微镜移至束流线的位置,先后对被辐照区域和针孔进行定位,定好坐标位置以后,样品平台和针孔平台不再发生移动,再将显微镜移开束流线位置。

(5)进行辐照。由控制系统控制被辐照区域 X 轴和 Y 轴长度,通过移动样品运动控制平台,实现不同区域的辐照。

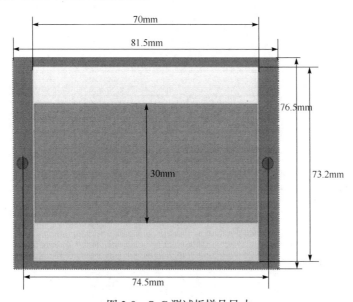

图 3-9　SoC 测试板样品尺寸

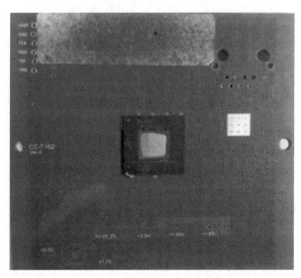

图 3-10　研制的 SoC 测试板

3.2.2　HI-13 重离子微束 SoC 单粒子效应测试方案

实验操作流程与 IMP 重离子微束实验流程类似，不同的是根据 Xilinx Zynq-7000 SoC 初步的版图信息，将 SoC 重离子微束辐照区域分为如图 3-11 所示的 A、B 和 C 三个部分分别辐照，其中 A 区域为 OCM 区域。本次实验采用 Cl 离子，能量为 145MeV，LET 值为 13.59(MeV·cm^2)/mg，束斑直径为 30μm。

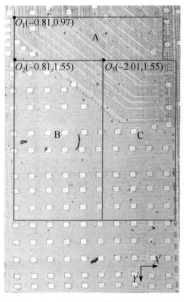

图 3-11　SoC 重离子微束辐照区域分布

根据图 3-12 所示的 HI-13 重离子微束单粒子效应测试流程，开展不同模块的重离子微束辐照实验，具体过程如下。

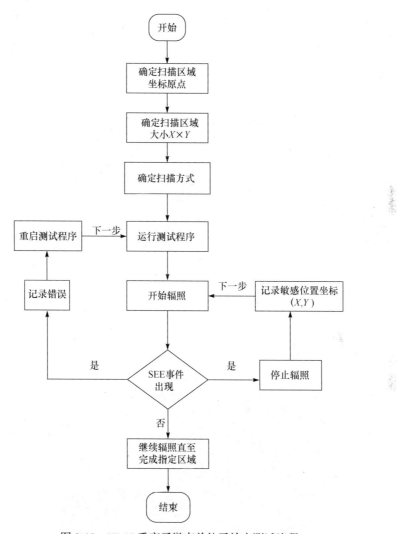

图 3-12　HI-13 重离子微束单粒子效应测试流程

(1) 确定扫描原点。通过显微镜观察芯片表面，将芯片上明显的标记位确定为坐标原点，通过计算不同辐照点的相对位置确定重离子微束辐照位置信息，如图 3-11 所示，坐标原点为 $O_1(-0.81，0.97)$。

(2) 确定扫描区域的大小。根据 A、B 和 C 三个区域的大小，通过坐标原点分别计算这三个区域扫描的初始点和 X 轴、Y 轴方向的长度，确定扫描区域的面积。经过计算 B 区域的初始点为 $O_2(-0.81, 1.55)$，C 区域的初始点为 $O_3(-2.01, 1.55)$。

A 区域面积为 1900μm×580μm，B 区域面积为 1200μm×2800μm，C 区域面积为 1000μm×2800μm。

(3) 确定扫描方式。扫描方式分为逐点扫描和定点扫描。采用 X 轴方向连续逐点扫描，Y 轴方向步长为 30μm 的定点扫描。由于束斑直径为 30μm，因此等同于 X 轴和 Y 轴方向都采用逐点扫描方式，对所有的扫描区域进行辐照。每个区域束斑的离子注量率为 $10\sim30cm^{-2}\cdot s^{-1}$。

(4) 运行测试程序。对于不同的待辐照区域运行不同的测试程序，A 区域运行 OCM 测试程序，B 区域运行 ALU 和 L1Cache 测试程序，C 区域运行外设测试程序。通过检测不同区域出现的单粒子效应事件，确定该模块的单粒子效应敏感位置分布。

(5) 开始辐照。SoC 测试系统控制 SoC 测试流程，当测试板运行测试程序后，微束控制系统按照设置好的方式进行辐照。

(6) SEE 事件判断。上位机实时监测程序运行结果，如果出现 SEE 时，上位机记录事件发生时间、类型和错误数据，同时微束控制系统停止辐照，记录敏感位置。上位机重新加载测试程序，继续开始辐照。未出现 SEE 时，辐照继续至下一个位置，直至扫描整个被辐照区域。

(7) 数据处理。统计 SEE 事件数以及 SEE 敏感点位置，通过软件制作 SoC 单粒子效应敏感点分布图。

对于三个被辐照区域 A、B 和 C 重复以上过程，最终完成 Xilinx Zynq-7000 SoC 单粒子效应敏感区域分布测试。图 3-13 为 HI-13 微束辐照现场照片。

图 3-13　HI-13 微束辐照现场照片

3.2.3　HI-13 重离子微束 SoC 单粒子效应测试结果

1. 单粒子效应敏感位置分布

实验获得了 OCM、L1Cache、ALU 和外设测试中 DMA 模块 SEE 敏感位置分布，分别如图 3-14～图 3-17 所示(图中黑色矩形点为 SEE 敏感点，白色矩形点为 SoC 表面固有的点)。

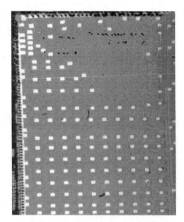

图 3-14　OCM 测试 SEE 敏感位置

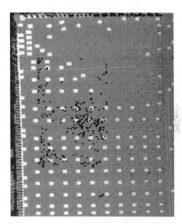

图 3-15　L1Cache 测试 SEE 敏感位置

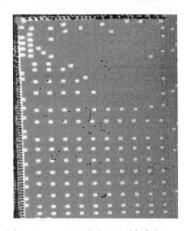

图 3-16　ALU 测试 SEE 敏感位置

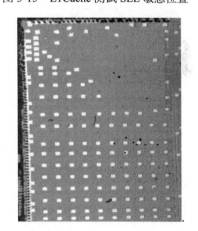

图 3-17　外设测试中 DMA 模块 SEE 敏感位置

由图可以看出不同模块单粒子效应敏感区域的分布特征。其中，OCM 敏感区呈有规则的分布，这与片内 SRAM 单元的规则排列有关，并且单粒子效应敏感位置符合底层电路 SRAM 单元所处的位置，束斑辐照在这些敏感区域，当 LET 值达到 SEU 阈值时，则产生 SEU 导致测试数据出错。实验中 L1Cache 测试出现了大量的单粒子效应错误，并且单粒子效应敏感位置呈区域性集中分布，这是由于 L1Cache 模块包含 Cache 控制器、Cache-tag 和 Cache line，这些区域出现单粒子效应都可能使 L1Cache 功能异常,因此呈现出区域性集中分布。ALU 测试中单粒子效应敏感位置比较分散,这与 ALU 测试的功能相关,ALU 执行了整数的加减乘除、逻辑运算和移位运算,这些功能通过底层电路单元实现,而这些电路的差异性,可能导致 ALU 单粒子效应敏感区域较为分散。外设测试中得到了 DMA 单粒子效应敏感位置,并且单粒子效应敏感位置比较集中,这是由于 DMA 为数据缓冲区,控制数据转移,实验中当微束辐照到该区域时,DMA 功能出现异常,出现 DMA 无法识别和测试中断等错误类型。实验中 Cache 出现单粒子效应的事件数最多,说明系统使用 Cache 以后,会增加系统出现单粒子效应的概率,也说明 Cache 比较敏感,容易产生单粒子效应。

2. 扫描区域单粒子效应截面计算

宽束辐照主要用来计算器件的单粒子效应截面,采用单粒子效应截面表示器件发生单粒子效应的概率,即单粒子效应事件数除以入射离子注量,而微束辐照主要用来确定器件的敏感位置。采用微束辐照实验结果进行单粒子效应计算,针对不同的扫描区域,计算局部单粒子效应截面,即统计在该扫描区域发生的单粒子效应事件数、该扫描区域入射的离子数以及离子注量[96],采用式(3-1)进行计算:

$$\sigma_i = \frac{N_i}{\phi_i} \tag{3-1}$$

式中,σ_i 为扫描区域 i 单粒子效应截面,单位为 cm^2;N_i 为扫描区域 i 单粒子效应事件数;ϕ_i 为扫描区域 i 入射的离子注量,单位为 cm^{-2}。表 3-1 为 SoC 各模块单粒子效应截面计算结果。

表 3-1　SoC 各模块单粒子效应截面计算结果

模块名称	离子注量 /($10^6 cm^{-2}$)	效应事件数	截面 /cm^2
OCM	4.16	38	9.13×10^{-6}
L1Cache	2.54	229	9.02×10^{-5}
ALU	2.86	25	8.74×10^{-6}
DMA	3.08	13	4.22×10^{-6}

由计算结果可以看出,L1Cache 测试时,产生的单粒子效应事件数和单粒子效应截面最大,说明 L1Cache 模块单粒子效应敏感性最高,使用 L1Cache 容易造成系统失效。其次是 OCM、ALU 和 DMA 单粒子效应截面。实验结果说明,系统中 SRAM 结构单元的单粒子效应敏感性最高,容易产生单粒子效应造成系统失

效，应该首先对存储单元采取抗辐射加固措施，如 ECC 纠错。

3.3　重离子宽束辐照实验

实验使用系统芯片的一个主要特征是在单芯片内集成了双核处理器。系统芯片在不同处理器配置模式下的单粒子效应敏感性也是需要测试和考虑的一个方面。因此，实验设计了基于单核和双核的测试系统，并利用重离子辐照装置对系统芯片的片上存储器模块进行了单粒子效应测试。

针对系统芯片不同模式下的重离子辐照测试共进行了两次，第一次是利用中国原子能科学研究院的 HI-13 串列加速器，第二次是利用中国科学院近代物理研究所的 HIRFL。其中，HI-13 的辐照测试在真空中进行，而 HIRFL 的辐照测试则是在空气中进行。图 3-18 和图 3-19 分别为 HI-13 重离子辐照测试现场图和 HIRFL 重离子辐照测试现场图。表 3-2 为两次重离子辐照过程中所用离子参数。

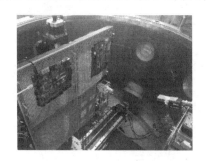 

图 3-18　HI-13 重离子辐照测试现场图　　　　图 3-19　HIRFL 重离子辐照测试现场图

表 3-2　两次重离子辐照过程中所用离子参数

装置	离子	能量/MeV	LET/[(MeV·cm²)/mg]	硅中射程/μm
HI-13	Cl 离子	160	13.1	46.0
	Si 离子	135	9.3	50.7
	C 离子	80	1.7	127.1
HIRFL	Ta 离子	1697.4	78.3	99.3

两次重离子辐照以双核为基础，在不同的处理器配置模式下对 32KB 片上存储器进行辐照测试。辐照测试中涉及的处理器配置模式包括单核处理器(sole processor, SP)模式和非对称多处理器(asymmetric multiprocessing, AMP)模式。

SP 模式系统芯片仅使用一个 ARM 处理器运行应用程序。在此情况下，所有操作都由该核完成，通常此处理器为 0 核(CPU0)。在这种模式下，CPU0 通过写入、读取与比较等操作，判断片上存储器在受辐照期间是否发生单粒子效应。图 3-20 所示为 SP 模式单粒子效应测试流程图。

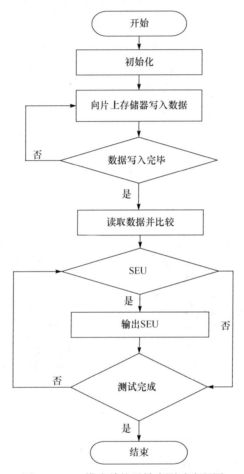

图 3-20　SP 模式单粒子效应测试流程图

AMP 模式系统芯片在两个处理器内核配置下协同执行应用程序。通常，从处理器(CPU1)由主处理器(CPU0)唤醒，这时两个处理器有主从之分，即非对称模式，因此称为 AMP 模式。在这种模式下，片上存储器由两个处理器共享。CPU0 在系统启动时唤醒 CPU1，然后将数据写入片上存储器。待数据写入后 CPU1 开始连续检测片上存储器中的单粒子效应发生情况，CPU1 通过读取数据和比较操作，判定是否发生单粒子效应。这种模式的优点是可以使主处理器在从处理器 CPU1 负责检测单粒子效应期间执行其他程序，从而提高系统效率和性能。例如，在 SP 模式和 AMP 模式下片上存储器动态测试的周期分别为 15.6ms 和 8.3ms，说明

AMP 模式可以明显提高系统芯片单粒子效应测试效率。图 3-21 所示为 AMP 模式下系统芯片片上存储器模块单粒子效应测试流程图。

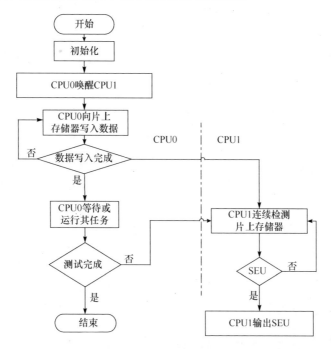

图 3-21　AMP 模式下系统芯片片上存储器模块单粒子效应测试流程图

与此同时，在 SP 和 AMP 两种模式下，都可以对片上存储器内数据进行静态或动态单粒子效应测试，进而获得其静态和动态情况下的单粒子效应截面。其中，在 HI-13 重离子测试中，SP 模式下片上存储器测试是动态(SP-D)的，而 AMP 模式下片上存储器测试是静态(AMP-S)的。在 HIRFL 重离子测试中，SP 片上存储器测试同时进行了静态(SP-S)和动态(SP-D)测试，而 AMP 模式下片上存储器测试是动态(SP-D)的。表 3-3～表 3-6 分别为 HI-13 辐照测试中离子注量情况、HIRFL 辐照测试中不同模式离子注量情况、HI-13 辐照测试中探测到的单粒子效应情况和 HIRFL 辐照测试中探测到的单粒子效应情况。

表 3-3　HI-13 辐照测试中离子注量情况

离子	LET /[(MeV·cm^2)/mg]	注量率 /(10^{3}cm^{-2}·s^{-1})	注量 /(10^{6}cm^{-2})
Cl	13.1	1.5	1
Si	9.3	1.0	1
C	1.7	2.0	1

表 3-4　HIRFL 辐照测试中不同模式离子注量情况

处理器模式	数据测试	注量率/($10^3\mathrm{cm}^{-2} \cdot \mathrm{s}^{-1}$)	注量($10^5/\mathrm{cm}^{-2}$)
AMP	动态	1	2.1
SP	静态	1	3.0
	动态	1	2.5

表 3-5　HI-13 辐照测试中探测到的单粒子效应情况

LET /[(MeV · cm²)/mg]	CPU 模式	数据测试 模式	单粒子 翻转次数	功能 中断次数
13.1	AMP	静态	504	44
	SP	动态	175	33
9.3	AMP	静态	252	38
	SP	动态	124	26
1.7	AMP	静态	91	7
	SP	动态	40	4

表 3-6　HIRFL 辐照测试中探测到的单粒子效应情况

CPU 模式	数据测试模式	单粒子翻转次数	功能中断次数
AMP	动态	284	47
SP	静态	1277	33
	动态	254	41

根据辐照测试结果进一步计算不同模式下的单粒子效应位截面。图 3-22 和图 3-23 分别为 HI-13 辐照获得的不同模式下的单粒子效应位截面和 HIRFL 辐照获得的不同模式下单粒子效应位截面。

对比两次辐照获得的单粒子效应位截面，可以发现静态测试位截面总体大于动态测试位截面。对于系统芯片的一般应用而言，片上存储器内部数据有可能是固定的也可能是动态刷新的。因此，为了对一般应用情况下片上存储器的单粒子效应敏感性进行评估，综合两次辐照测试中静态位截面和动态位截面，基于式(3-2)进行了威布尔拟合。

$$\sigma\,(\mathrm{LET}) = \sigma_{\mathrm{sat}} \times (1 - \exp\{-[(\mathrm{LET} - L_{\mathrm{th}})/W]^{S}\}) \tag{3-2}$$

式中，σ_{sat} 为单粒子效应饱和位截面，单位为 cm²/bit；L_{th} 为 LET 阈值，单位为

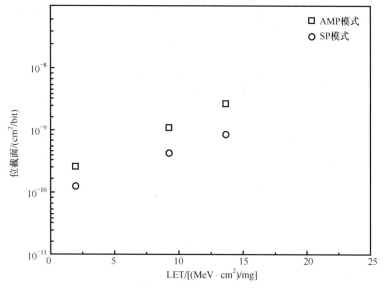

图 3-22　HI-13 辐照获得的不同模式下的单粒子效应位截面

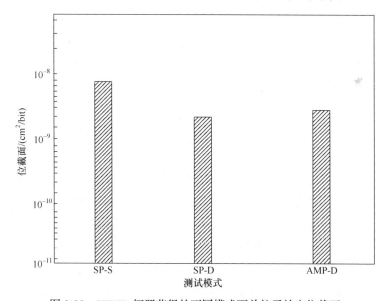

图 3-23　HIRFL 辐照获得的不同模式下单粒子效应位截面

$(MeV \cdot cm^2)/mg$；W、S 为调整系数，无单位。不同测试模式下单粒子效应位截面威布尔拟合曲线如图 3-24 所示。两个曲线所对应的静态位截面和动态位截面威布尔拟合参数如表 3-7 所示。拟合结果表明，对于系统芯片一般应用程序而言，片上存储器单粒子效应位截面可能处于两条威布尔曲线之间的区域。

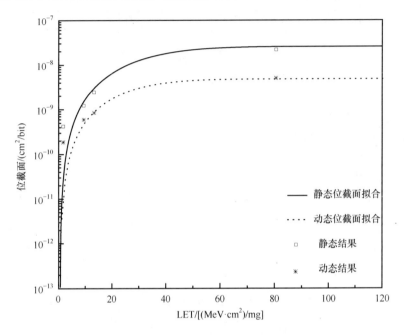

图 3-24　不同测试模式下单粒子效应位截面威布尔拟合曲线

表 3-7　静态位截面和动态位截面威布尔拟合参数

拟合曲线	σ_{sat}/(cm²/bit)	L_{th}/[(MeV · cm²)/mg]	W	S
静态位截面拟合	1.9×10^{-8}	0.55	35	1.98
动态位截面拟合	3.7×10^{-9}	0.55	29	1.87

　　为了对片上存储器空间错误率进行预估，基于所获得的片上存储器不同模式下单粒子效应威布尔曲线，借助于 CREME96 软件对两组模式下的单粒子效应错误率进行了估计[97-100]。所模拟的轨道高度为 450km，倾角为 51.6°，吸收体为 100mil① 的铝，太阳活动为平静期。表 3-8 所示为不同模式下的片上存储器单粒子效应错误率估计情况。

表 3-8　不同模式下的片上存储器单粒子效应错误率估计情况

模式	位错误率/(10^{-8}bit/d)	器件错误率/(10^{-2}device/d)
静态	2.46	5.16
动态	1.35	2.83

---

① mil 为体积单位密耳，1mil=10^{-3}L。

此外,在 HIRFL 辐照过程中,探测到了多次多单元翻转,图 3-25 所示为 HIRFL 辐照下探测到的多单元翻转情况。结果表明,对于纳米级系统芯片而言,在高 LET 离子辐照下,多单元翻转次数可能会超过单位翻转(single bit upset, SBU),在此情况下进行存储位交互设计就显得非常有必要。

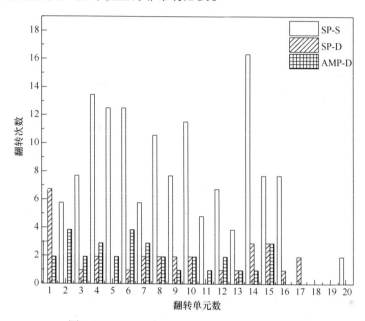

图 3-25 　 HIRFL 辐照下探测到的多单元翻转情况

在 HIRFL 辐照测试过程中,另一个需要关注的因素是测试板电流变化情况。图 3-26 和图 3-27 分别为探测到的两次微闩锁电流异常情况,即测试板电流出现

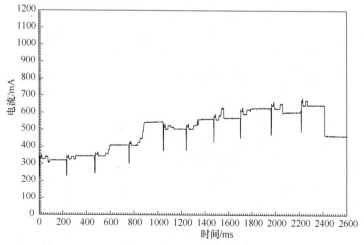

图 3-26 　 HIRFL 辐照时探测到的微闩锁电流台阶式上升

台阶式上升和瞬时跳变。尤其值得注意的是图 3-27 所示的辐照后期，测试板电流突然降低很多，比正常电流 330mA 还低。基于 HIRFL 辐照测试过程中探测到的各种现象可以得出，在遭受高 LET 离子入射时，纳米级系统芯片有可能会发生微闩锁。由于该系统芯片工艺复杂，集成度高，对于此类现象的产生，目前情况下还不能进行明确的分析和解释。

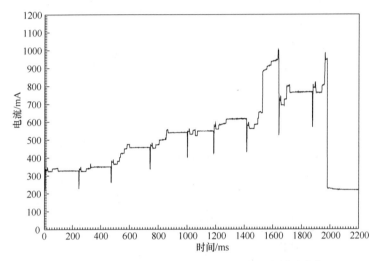

图 3-27　HIRFL 辐照时探测到的微闩锁电流瞬时跳变

3.4　本　章　小　结

本章主要介绍了 SoC 重离子辐照实验，根据中国科学院近代物理研究所和中国原子能科学研究院微束辐照实验结果，初步获得了 Xilinx Zynq-7000 SoC 的一些单粒子效应敏感位置分布特征。单粒子效应敏感位置随使用的硬件资源不同有一定的差异性，实验获得了 OCM、ALU、L1Cache 和外设测试中 DMA 模块测试的单粒子效应敏感位置分布特征，OCM 单粒子效应敏感位置呈规则性分布，ALU 呈分散分布，L1Cache 呈区域性集中分布，DMA 呈集中分布。通过计算每个扫描区域的单粒子效应截面可知，L1Cache 的单粒子效应截面最大，其次是 OCM，说明存储器单元为 SoC 单粒子效应敏感区域，应该重点采取加固措施，提高其抗单粒子效应的能力。重离子宽束辐照实验结果表明，高 LET 离子导致的单粒子效应需要特别引起注意，会造成系统芯片出现多单元翻转，同时也会导致明显的电流异常。

第 4 章　SoC 质子和中子单粒子效应研究

在空间辐射环境中质子占比最大。地球辐射带主要由地球磁场捕获的质子和电子组成。质子能量范围为 0.1~400MeV，通量范围为 8×10^4~$5\times10^7 cm^{-2} \cdot s^{-1}$；电子能量范围为 0.004~7.0MeV，通量范围为 7×10^3~$5\times10^8 cm^{-2} \cdot s^{-1}$。银河宇宙线起源于银河系，由能量极高而通量极低的带电粒子组成。一般认为质子约占 85%，α粒子约占 12.5%，原子序数从 3(锂)到 26(铁)的离子约占 1.5%，其他元素的含量更低。银河宇宙线通量在赤道附近约为 $5\times10^3 m^{-2} \cdot s^{-1}$，高纬度区约为 $2\times10^4 m^{-2} \cdot s^{-1}$。银河宇宙线的能量分布很广，从 40MeV 到 10^{13}MeV。太阳宇宙线是太阳表面发生太阳耀斑爆发射出的高能带电粒子，不到 1h 的时间，它们就可到达地球轨道附近，并可延续数小时到一天以上的时间。太阳宇宙线的主要成分为质子，能量为 10~100MeV，有的甚至可达 10GeV，通量可达 $10^4 m^{-2} \cdot s^{-1}$。一次太阳质子事件可持续 30~40h，累积注量达 $10^9 m^{-2}$。研究表明，对于低轨道、太阳同步轨道和大椭圆轨道，主要是质子导致单粒子翻转，因此有必要开展质子单粒子效应研究。而质子的 LET 值较低，在硅中最大值介于 0.5~0.6$(MeV \cdot cm^2)/mg^{[92]}$。因此，一般认为高能质子单粒子效应是质子与半导体材料的原子核反应产生次级粒子在器件中沉积能量导致的[101-106]。然而近年来，对于纳米级半导体器件，不断有报道指出低能质子可以通过直接电离诱发单粒子效应[107-109]。因此，对于纳米级 SoC，有必要开展低能质子的单粒子效应辐照测试。

高能宇宙射线在进入大气层时，会与大气层中的原子核发生核反应(主要是与氮原子核和氧原子核)产生大量次级粒子。这些次级粒子包括中子、质子、电子、π介子及μ子等，它们会进一步与大气中的物质发生相互作用从而产生更多的中子、质子等粒子，其中中子占比约 90%。大气中子能量范围为 0~10GeV[110-111]。这些中子在穿过电子器件时，会与原子核发生相互作用产生次级粒子，从而导致器件发生单粒子效应，严重影响电子系统的可靠性。对于纳米级 SoC，其发生单粒子效应的临界电荷较低，更容易遭受大气中子诱发的单粒子效应。因此，有必要开展 SoC 的大气中子单粒子效应辐照测试。

本章主要介绍纳米级 SoC 的质子和中子单粒子效应辐照测试，并基于蒙特卡罗方法对其单粒子效应进行模拟分析。

4.1 SoC 质子单粒子效应实验研究

由于低能质子和中高能质子诱发单粒子效应的机制不同，对于系统芯片的测试需要同时考虑低能质子和中高能质子。

4.1.1 低能质子实验研究

低能质子实验在北京大学核物理与核技术国家重点实验室串列加速器上开展。实验选取了 3MeV、5MeV 和 10MeV 三个能量的质子，注量率分别为 $2.50×10^8 cm^{-2} \cdot s^{-1}$、$2.08×10^8 cm^{-2} \cdot s^{-1}$ 和 $2.76×10^8 cm^{-2} \cdot s^{-1}$，分别测得了 ALU、FPU、DCache、DMA 和 PL 模块的单粒子效应截面[112]。表 4-1 为 Xilinx Zynq-7000 SoC 不同模块的低能质子单粒子效应测试结果，图 4-1 为 Xilinx Zynq-7000 SoC 各模块单粒子效应截面随质子能量的变化曲线。

表 4-1　Xilinx Zynq-7000 SoC 不同模块的低能质子单粒子效应测试结果

测试模块	3MeV			5MeV			10MeV		
	错误数	注量/$(10^{11} cm^{-2})$	截面/$(10^{-11} cm^2)$	错误数	注量/$(10^{11} cm^{-2})$	截面/$(10^{-11} cm^2)$	错误数	注量/$(10^{11} cm^{-2})$	截面/$(10^{-11} cm^2)$
PL	10	9	1.11	16	7.5	2.13	8	3.7	2.16
DCache	28	9	3.10	10	7.5	1.33	5	3.7	1.35
ALU	3	9	0.33	6	7.5	0.80	3	3.7	0.81
FPU	5	9	0.56	7	7.5	0.93	7	3.7	1.89
DMA	2	9	0.22	3	7.5	0.40	2	3.7	0.54

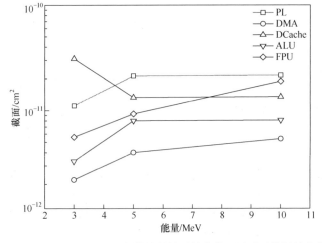

图 4-1　Xilinx Zynq-7000 SoC 各模块单粒子效应截面随质子能量的变化曲线

实验结果表明，DCache 模块单粒子效应截面随着质子能量的增加而减少，与纳米级半导体存储器低能质子直接电离导致的单粒子效应变化趋势相符，然而，其他功能模块的单粒子效应截面曲线与 DCache 模块的单粒子效应截面变化趋势相反。造成这种结果的主要原因为 SoC 内部不同模块的电路结构有所差异。DCache 模块是基于 28nm SRAM 结构，导致其发生单粒子效应的临界电荷较低。通过 SRIM 软件仿真可得出质子与硅反应产生的 LET 值随能量的变化曲线，如图 4-2 所示，0.06MeV 质子的 LET 可达 0.5(MeV·cm^2)/mg 以上。其他模块主要由时序组合电路组成，其发生单粒子效应的临界电荷大于 SRAM 结构，低能质子直接电离所产生的临界电荷不足以使其发生单粒子效应，通过核反应产生的次级粒子的电离效应是这些模块发生单粒子效应的主要原因。因此，这些模块的单粒子效应截面随着质子能量的增大而增加。

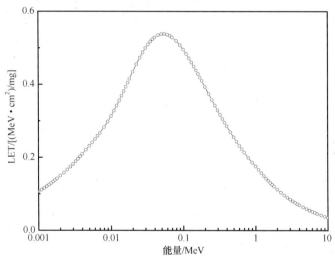

图 4-2　质子与硅反应 LET 随能量变化曲线

4.1.2　中能质子实验研究

目前，我国还没有高能质子辐照装置，因此只开展了 70MeV 和 90MeV 的中能质子单粒子效应实验测试，测试在中国原子能科学研究院 100MeV 质子回旋加速器(CY CIAE-100)的单粒子效应辐照终端进行[113-114]。图 4-3 为 CY CIAE-100 质子 SEE 辐照实验装置终端布局图。质子由加速器引出后，依次经过四极磁铁、狭缝完成束流初次均匀化，然后通过双靶散射环完成二次均匀化，最后通过降能片组和准直器完成束流的能量调节和准直化后辐照至样品架上。图中 SEU 监测器在调试束流时用于束流位置的监测，在做辐照实验时为被辐照对象。该辐照装置产生的束斑大小为 1cm×1cm～10cm×10cm，能量范围为 30～100MeV，注量率范围为 10^5～10^{12}cm^{-2}·s^{-1}。

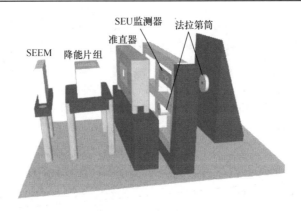

图 4-3　CY CIAE-100 质子 SEE 辐照实验装置终端布局图[113]

在该装置中，对于质子注量率的测量是基于二次电子监测器(secondary electron emission monitor，SEEM)和法拉第筒实现的。在进行器件辐照实验前，将二次电子监测器和法拉第筒移动至束流线上，分别记录一定时间内二次电子监测器和法拉第筒读数，将两者读数相除得到比例系数 K。在进行器件辐照实验过程中，保持二次电子监测器处于束流线上，将法拉第筒移开束流线位置以辐照器件。最终，根据所记录的二次电子监测器读数并利用比例系数 K 计算获得被辐照器件处的质子注量率[113]。

基于该终端，我国率先对 28nm SoC 片上存储器模块进行了中能质子单粒子效应辐照测试。图 4-4 和图 4-5 分别为中能质子单粒子效应辐照测试现场图和中能质子单粒子效应测试布局图。远程主机通过 UART 接口与测试板通信，同时通过卡扣配合型连接器(bayonet nut connector, BNC)电缆向测试板供电。测试中，利用程控电源提供 5V 电压，该程控电源还可监测异常电流或单粒子锁定，整个测试在室温下进行。

图 4-4　中能质子单粒子效应辐照测试现场图

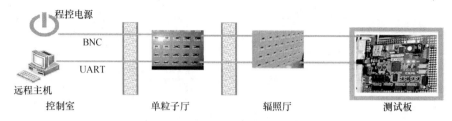

图 4-5　中能质子单粒子效应测试布局图

测试主要通过对 SoC 内部 64KB OCM 的数据读写对比以判定 SEE 发生情况。测试为动态测试，具体过程如下：

(1) 束流开始前启动测试程序，检测测试系统连接状况是否正常，在确认无误后，开启束流。

(2) 在质子辐照 SoC 过程中，数据 0xA5A5A5A5 被连续写入目标地址，并读出，对比读写数据，以判断是否有单粒子效应发生。

(3) 对于探测到的单粒子效应，在终端输出其错误数据和错误位置，进行结果分析。

测试中，90MeV 和 70MeV 质子的注量率分别为 1.37×10^8 cm^{-2} · s^{-1} 和 2.34×10^8 cm^{-2} · s^{-1}，累积注量均为 1.0×10^{11} cm^{-2}。图 4-6 为两次辐照测试中探测到的 SEE 情况，SEE 主要表现为 SEU 和 SEFI，90MeV 质子导致的 SEE 次数稍多于 70MeV 质子的。对 SEU 的进一步统计分析发现，在 90MeV 质子辐照中，共探测到 143 次 SEU，其中包括单位翻转(SBU)、两单元翻转(dual-cell upset, DCU)、三单元翻转(three-cell upset, TCU)及最多的九单元翻转。在 70MeV 质子辐照中，共探测到的 117 次 SEU，其中主要包括 SBU、DCU、TCU 和最多的四单元翻转。90MeV 和 70MeV 质子辐照探测到的 SEU 各种类型翻转情况见表4-2，对于90MeV 和 70MeV 质子辐照，SBU 均占主导地位。

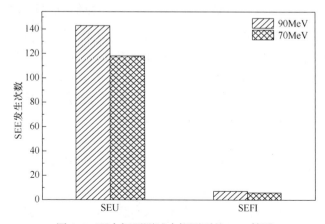

图 4-6　两次辐照测试中探测到的 SEE 情况

表 4-2　90MeV 和 70MeV 质子辐照探测到的 SEU 翻转情况　（单位：个）

能量	翻转类型					
	单位	两单元	三单元	四单元	五单元	九单元
90MeV	102	27	11	1	1	1
70MeV	88	18	8	3	—	—

对于探测到的单位翻转，根据式(2-1)计算可得 90MeV 和 70MeV 质子 SEU 截面，除以总位数得到的位翻转截面分别为 $1.95×10^{-15}$cm²/bit 和 $1.67×10^{-15}$cm²/bit。除 SBU 外，对于 DCU 和 TCU，由图 4-7 所示的 90MeV 和 70MeV 质子辐照中探测到的多单元翻转截面可知，90MeV 和 70MeV 截面值基本接近。对于 OCM 而言，两者单粒子效应截面基本一致。

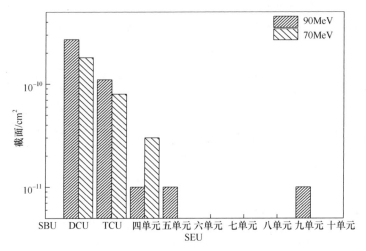

图 4-7　90MeV 和 70MeV 质子辐照中探测到的多单元翻转截面

90MeV 质子导致的 SEE 次数虽然略多于 70MeV 质子，但是它们所对应的 SBU、DCU 和 TCU 截面表明，SoC 对 90MeV 和 70MeV 质子 SEE 敏感性基本接近。这主要是因为两种能量的质子与硅原子核反应的主要产物均为 He、Na、Mg、Al、Si、Ne 等带电粒子，它们的 LET 和在硅中的射程都接近，从而导致单粒子效应接近。

4.2　SoC 中子单粒子效应实验研究

与中能质子类似，大气中子导致纳米级系统芯片单粒子效应的主要原因为次级粒子沉积能量，由于散裂中子源能谱与大气中子能谱接近，为了进一步验证系统芯片的中子单粒子效应敏感性，利用中国散裂中子源(China Spallation Neutron Source, CSNS)对系统芯片进行了大气中子辐照测试。

2018 年，投入运行的中国散裂中子源为我国开展大气中子单粒子效应实验研究提供了新平台。散裂中子源是由加速器提供的高能质子轰击重金属靶而产生中子的大科学装置，通过原子的核内级联和核外级联等复杂的核反应，每个高能质子可产生 20～40 个中子，伴随 γ 射线少。与反应堆中子源相比，两者各具特色，相互补充，为我国中子科学的发展贡献力量[115]。

散裂中子源系统工作过程中，离子源产生的负氢离子束流，通过射频四极加速器聚束和加速后，由漂移管直线加速器把束流能量进一步提高到 80MeV，负氢离子经剥离后注入快循环同步加速器中，使质子能量达到 1.6GeV。从循环同步加速器引出的高能质子束流经传输线引导轰击钨靶，在靶上产生的散裂中子经慢化，再通过中子导管引向能谱仪，供用户开展实验研究。中国散裂中子源的总体设计指标包括打靶质子束流功率 100kW，脉冲重复频率 25Hz，每脉冲质子数 1.56×10^{13}，质子束动能 1.6GeV，中子效率为每个质子、每单位立体角弧度 0.1[116-117]。

利用中国散裂中子源 09 号束线端(CSNS-beam line 09, CSNS-BL09)在我国首次研究了 28nm 系统芯片的中子单粒子效应。CSNS-BL09 主要用于中子学实验，它位于质子束 46° 入射角方向，能谱范围从几毫电子伏到几百兆电子伏。图 4-8 为计算出的 CSNS-BL09 中子微分通量和北京地面大气中子微分能谱图，由图可知，CSNS-BL09 与北京地面的大气中子能谱很接近。

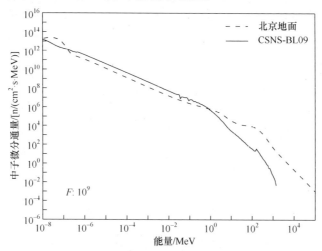

图 4-8　计算出的 CSNS-BL09 和北京地面大气的中子微分能谱图
F-放大倍

图 4-9 为系统芯片 CSNS-BL09 单粒子效应测试示意图，虚线左侧部分是 CSNS-BL09 的屏蔽和辐照腔示意图。由于设计了吸收体，只有直径为 2cm 的准

直孔和部分吸收体对用户可见。在测试前,将待测芯片对准直径为 2cm 的准直孔。测试中,中子束从直径为 2cm 的准直孔中引出轰击待测器件。为了验证测试系统的稳定性并检查测试现场的环境影响,在未开启束流的情况下,SoC 测试系统持续运行了 45h。在此过程中,既未检测到错误,也未发现测试系统异常。这表明辐照测试中检测到的单粒子效应事件是由中子束辐照引起的。与中能质子测试系统类似,可编程直流电源为测试板进行远程供电并实时监测电流,UART 负责主机与测试板之间的连接与通信。

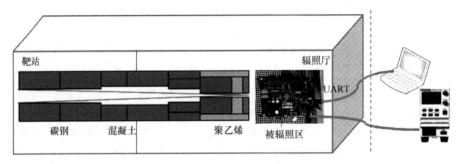

图 4-9　系统芯片 CSNS-BL09 单粒子效应测试示意图

在中子单粒子效应测试中,共测试了片上存储器、DCache 和块存储器三个模块,各模块测试容量分别为 64KB、32KB 和 8KB。各模块测试均采用测试数据动态写入、读取与比较的测试方式。测试中共探测到了多种单粒子效应,包括单位翻转、两单元翻转、多单元翻转和单粒子功能中断。系统芯片大气中子单粒子效应测试中各模块探测到的效应次数见表 4-3,可以看到片上存储器测试中探测到的效应次数明显多于其他模块。

表 4-3　系统芯片大气中子单粒子效应测试中各模块探测到的效应次数

测试模块	单位翻转	两单元翻转	多单元翻转	单粒子功能中断	其他
片上存储器	21	4	2	5	—
DCache	5	—	—	5	—
块存储器	3	—	—	12	2

通常,将 10 MeV 视为高能中子诱发单粒子效应的阈值能量,但是越来越多的报道表明,随着半导体器件功耗降低,特征尺寸减小,1MeV 中子也可以导致先进电子系统发生单粒子效应。在大气环境中,1~10MeV 中子约占 40%。因此,4.2.1 小节将分别从 10MeV 以上中子和 1MeV 以上中子两个方面分析 28nm 系统芯片的单粒子效应。

4.2.1　10MeV 和 1MeV 以上中子单粒子效应

由表 4-3 可知，在片上存储器模块测试中检测到的效应包括单位翻转、两单元翻转和多单元翻转，这表明 28nm SoC 的大气中子单粒子效应客观存在。对于 28nm SoC 的重要应用场合，必须考虑其单粒子效应，并对此采取屏蔽或加固措施。

对于片上存储器模块而言，10MeV 以上中子束的平均注量率为 $5.33 \times 10^4 \mathrm{cm}^{-2} \cdot \mathrm{s}^{-1}$，平均累积注量为 $1.63 \times 10^9 \mathrm{cm}^{-2}$。10MeV 以上中子诱发片上存储器的位翻转截面和软错误率见表 4-4。位翻转截面为 $2.46 \times 10^{-14} \mathrm{cm}^2/\mathrm{bit}$，1Mbit 的软错误率为 233.70 FIT。其中，截面由式(2-1)所得，软错误率由式(4-1)所得。

$$\mathrm{SER} = \sigma_{\mathrm{bit}} \times \Phi_{\mathrm{n}} \times 10^9 \times 10^6 \qquad (4\text{-}1)$$

式中，SER 为软错误率，单位为 FIT/Mbit；σ_{bit} 为位翻转截面，单位为 $\mathrm{cm}^2/\mathrm{bit}$；$\Phi_{\mathrm{n}}$ 为实际中子通量，选取北京地面 10 MeV 以上的中子通量为 $9.50\mathrm{cm}^{-2} \cdot \mathrm{h}^{-1[118]}$。

表 4-4　10MeV 以上中子诱发片上存储器的位翻转截面和软错误率

截面/($10^{-8}\mathrm{cm}^2$)	位翻转截面/($10^{-14}\mathrm{cm}^2/\mathrm{bit}$)	软错误率/(FIT/Mbit)
1.29	2.46	233.70

由表 4-3 可知，在 DCache 测试中，共观察到 5 次单位翻转和 5 次单粒子功能中断效应，未探测到其他效应。在 DCache 测试中，10MeV 以上中子的平均通量为 $5.06 \times 10^4 \mathrm{cm}^{-2} \cdot \mathrm{s}^{-1}$，平均累积注量约为 $1.73 \times 10^9 \mathrm{cm}^{-2}$。对于探测到的单粒子翻转，其对应的截面、位翻转截面和软错误率分别为 $2.89 \times 10^{-9}\mathrm{cm}^2$、$1.10 \times 10^{-14}\mathrm{cm}^2/\mathrm{bit}$ 和 104.50 FIT/Mbit。

由表 4-3 可知，在块存储器测试中，除探测到 3 次单位翻转和 12 次单粒子功能中断外，还探测到了 2 次其他错误，分别为 1 次连续地址错误和 1 次输出异常。在块存储器测试中，10MeV 以上中子平均通量为 $5.31 \times 10^4 \mathrm{cm}^{-2} \cdot \mathrm{s}^{-1}$，平均累积注量为 $1.91 \times 10^9 \mathrm{cm}^{-2}$。其对应的单粒子效应截面、位翻转截面和软错误率分别为 $1.57 \times 10^{-9}\mathrm{cm}^2$、$2.40 \times 10^{-14}\mathrm{cm}^2/\mathrm{bit}$ 和 228.00 FIT/Mbit。

综合分析三个测试模块的单粒子效应实验结果可知，对于 10MeV 以上中子，平均位翻转截面为 $2.03 \times 10^{-14}\mathrm{cm}^2/\mathrm{bit}$，平均软错误率为 192.85 FIT/Mbit，比 Xilinx 发布的同款器件大气中子单粒子效应截面值 $6.32 \times 10^{-15}\mathrm{cm}^2/\mathrm{bit}$ 高 2 倍多[119]。Xilinx 发布的值是基于洛斯阿拉莫斯中子科学中心(Los Alamos Neutron Science Center, LANSCE)10MeV 以上大气中子单粒子效应测试结果。

对于片上存储器模块、DCache 模块和块存储器模块，1MeV 以上中子的平均通量分别为 $7.24 \times 10^5 \mathrm{cm}^{-2} \cdot \mathrm{s}^{-1}$、$6.86 \times 10^5 \mathrm{cm}^{-2} \cdot \mathrm{s}^{-1}$ 和 $7.21 \times 10^5 \mathrm{cm}^{-2} \cdot \mathrm{s}^{-1}$。表 4-5 为 1MeV 以上中子各模块单粒子效应截面及软错误率。在软错误率计算中，北京地

面 1MeV 以上大气中子的平均通量约为 14.80cm^{-2} · h^{-1}。由表 4-5 计算可得，三个测试模块的平均单粒子效应位翻转截面和软错误率分别为 1.50×10^{-15}cm^2/bit 和 22.20 FIT/Mbit。对比 10MeV 以上中子和 1MeV 以上中子的单粒子效应结果可知，对于 28nm SoC 的大气中子单粒子效应，应该考虑 1～10MeV 以上中子。

表 4-5　　1MeV 以上中子的各模块单粒子效应截面及软错误率

测试模块	平均注量 /(10^{10}cm^{-2})	截面 /(10^{-10}cm^2)	位翻转截面 /(10^{-15}cm^2/bit)	软错误率 /(FIT/Mbit)
片上存储器	2.22	9.46	1.80	26.70
DCache	2.35	2.13	0.81	12.01
块存储器	2.60	1.15	1.76	26.06

4.2.2　热中子单粒子效应贡献

虽然纳米级系统芯片已不再使用含硼磷酸的封装，但近年来不断有研究人员指出，半导体制造过程中使用的 B$_2$H$_6$ 会在互联层中钨闩的周围引入 ^{10}B，并且 ^{10}B 所在的位置可能处于晶体管的正上方[120-122]。为了研究半导体制造过程中引入的 ^{10}B 对纳米级系统芯片单粒子效应的影响，在 CSNS-BL09 束线端进行了第二次大气中子通量辐照实验。

与第一次辐照测试不同之处在于，第二次辐照时，在出射孔与被辐照芯片之间设置了 2mm 厚的镉吸收体吸收热中子。图 4-10 所示为第一次和第二次辐照测试的中子通量能谱图。由图可知，2mm 厚的镉吸收体能够有效地吸收热中子，且除热中子外，两次测试中其他能段中子几乎相同。这意味着两次辐照测试的差异主要由热中子导致。

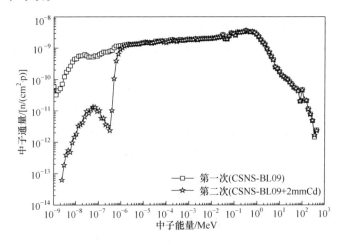

图 4-10　第一次和第二次辐照测试中的中子通量能谱图

在第二次辐照中主要测试了 64KB 的 OCM 模块，加镉吸收体后探测到的片上存储器单粒子效应见表 4-6。对比表 4-6 和表 4-3 可知，屏蔽了热中子后探测到的单粒子效应种类与未屏蔽之前相同。表 4-7 为两次测试中 1MeV 以上中子导致的片上存储器翻转截面情况。由表 4-7 可知，含热中子和不含热中子时，位翻转截面分别为 $1.80\times10^{-15}\mathrm{cm^2/bit}$ 和 $1.00\times10^{-15}\mathrm{cm^2/bit}$。表明热中子对纳米级系统芯片的单粒子效应有影响。该结果表明，对于应用于大气环境下的系统芯片，如果设置了热中子吸收体屏蔽，则可以将 28nm 系统芯片单粒子效应敏感性降低约44.4%。

表 4-6　加镉吸收体后探测到的片上存储器单粒子效应

单位翻转	两单元翻转	多单元翻转	功能中断
13	2	2	2

表 4-7　两次测试中探测到的片上存储器 1MeV 以上中子翻转截面情况

测试类型	累积注量/($10^{10}\mathrm{cm^{-2}}$)	翻转次数	翻转截面/($10^{-10}\mathrm{cm^2}$)	位翻转截面/($10^{-15}\mathrm{cm^2/bit}$)	软错误率/(FIT/Mbit)
无吸收体	2.22	21	9.46	1.80	26.64
加吸收体	2.47	13	5.26	1.00	14.80

4.3　SoC 质子和中子单粒子效应蒙特卡罗仿真分析

中高能质子与大气中子都可通过核反应诱发单粒子效应，为了进一步分析实验中探测到的单粒子效应现象，分析质子和中子入射时导致单粒子效应的次级粒子，基于 Geant4 软件进行了蒙特卡罗仿真分析。

Geant4 是一个模块化的三维蒙特卡罗模拟工具包，它可以模拟粒子在物质中的输运和相互作用。其基本模块包括全局模块、材料模块、粒子模块、几何体模块、径迹模块、物理过程模块、事件模块和可视化模块[123-125]。

为了构建系统芯片的仿真模型，首先对 28nm SoC 纵向结构进行了提取，获得了各层的组成材料及厚度，随后参照其他工艺，如 45nm 和 65nm 存储器的Geant4 仿真，以及已发表的 28nm SoC 重离子单粒子效应实验结果，对初步构建的系统芯片仿真模型进行校正，以确定合适的临界电荷和敏感体积尺寸。

图 4-11 所示为构建的系统芯片单粒子效应 Geant4 仿真模型。基于该模型，对质子和大气中子测试结果进行进一步分析。

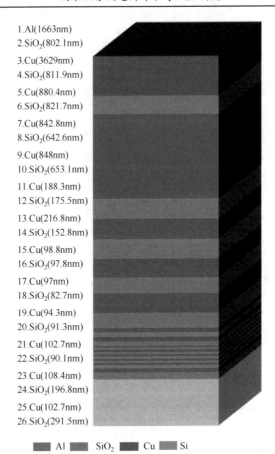

1.Al(1663nm)
2.SiO$_2$(802.1nm)
3.Cu(3629nm)
4.SiO$_2$(811.9nm)
5.Cu(880.4nm)
6.SiO$_2$(821.7nm)
7.Cu(842.8nm)
8.SiO$_2$(642.6nm)
9.Cu(848nm)
10.SiO$_2$(653.1nm)
11.Cu(188.3nm)
12.SiO$_2$(175.5nm)
13.Cu(216.8nm)
14.SiO$_2$(152.8nm)
15.Cu(98.8nm)
16.SiO$_2$(97.8nm)
17.Cu(97nm)
18.SiO$_2$(82.7nm)
19.Cu(94.3nm)
20.SiO$_2$(91.3nm)
21.Cu(102.7nm)
22.SiO$_2$(90.1nm)
23.Cu(108.4nm)
24.SiO$_2$(196.8nm)
25.Cu(102.7nm)
26.SiO$_2$(291.5nm)

Al　SiO$_2$　Cu　Si

图 4-11　构建的系统芯片单粒子效应 Geant4 仿真模型

首先，对质子实验结果进行仿真，在仿真过程中，入射质子数为 10^7，入射质子能量分别设置为 70MeV 和 90MeV。表 4-8 为 70MeV 和 90MeV 质子入射系统芯片时在衬底中主要产生的次级粒子。由表 4-8 可知，70MeV 和 90MeV 质子与硅相互作用产生的次级粒子种类相同。然后，根据获得的次级粒子能量信息，利用 SRIM 软件仿真获得 70MeV 和 90MeV 质子次级粒子的 LET 情况，如图 4-12 所示。由图 4-12 可以看出，70MeV 质子入射导致的次级粒子 LET 区间与 90MeV 质子入射导致的次级粒子 LET 区间虽然有所差异，但是比较接近。由此可以解释 70MeV 和 90MeV 质子辐照实验结果虽略有差异，但比较接近。

表 4-8　70MeV 和 90MeV 质子入射系统芯片时在衬底中主要产生的次级粒子

质子能量	70MeV					
次级粒子	He	Na	Mg	Al	Si	Ne
质子能量	90MeV					
次级粒子	He	Na	Mg	Al	Si	Ne

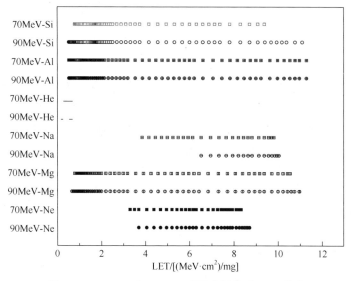

图 4-12　70MeV 和 90MeV 质子次级粒子 LET 分布

此外，为了进一步分析大气中子单粒子效应测试结果，基于图 4-11 的仿真模型，进行了大气中子单粒子效应模拟仿真，仿真实验中设置了(32×32)个敏感体，每个敏感体尺寸为 130nm×130nm×130nm，临界电荷为 0.21fC，入射中子基于 CSNS-BL09 能谱进行抽样，数目为 10^7。

中子的 Geant4 仿真结果表明，大气中子导致单粒子效应的次级粒子主要有 ^{28}Si、^{29}Si、^{30}Si、^{25}Mg、^{26}Mg、^{27}Al、α粒子和质子等。同时，Geant4 仿真获得了 1MeV 以上中子的单粒子效应截面和 10MeV 以上中子的单粒子效应截面，与实验获得的对应截面比值分别为 0.27 和 0.02。1MeV 以上中子的模拟值与实验值更接近，因此对于 28nm SoC 的大气中子单粒子效应，应该考虑 1~10MeV 中子的贡献，中子能量阈值选 1MeV。

近年来，有研究表明质子与中子导致的单粒子效应存在一定的等效关系[43,126-128]。文献[127]介绍了中能质子和大气中子单粒子效应的等效关系，文献[128]指出 50MeV 以上质子产生的错误率与大气中子产生的错误率接近。文献[43]统计了不同特征尺寸 Xilinx 产品的 LANSCE 大气中子、63MeV 质子和 Rosetta 辐照实验结果，指出 63MeV 左右质子单粒子效应辐照结果与大气中子单粒子效应测试结果较为接近，可用 63MeV 左右质子测试结果预估纳米级电子系统的大气中子单粒子效应。根据片上存储器模块的大气中子和中能质子辐照实验结果，大气中子的位翻转截面为 $1.80×10^{-15}cm^2/bit$(>1MeV 中子)，90MeV 和 70MeV 质子辐照获得的片上存储器位翻转截面分别为 $1.95×10^{-15}cm^2/bit$ 和 $1.67×10^{-15}cm^2/bit$，也说明中能质子和大气中子单粒子效应接近。

4.4　本章小结

　　本章介绍了系统芯片质子和大气中子单粒子效应测试方法，并对测试结果进行了分析。低能质子测试不同于其他测试模块，DCache 模块的单粒子效应截面随能量的增加而减小。在中能质子测试中，探测到的 70MeV 和 90MeV 质子单粒子效应结果接近，主要是由于两者在入射过程中产生的次级粒子 LET 区间接近。在大气中子测试中，通过对比 10MeV 以上和 1MeV 以上中子单粒子效应截面，指出对于 28nm 系统芯片的大气中子单粒子效应，应考虑 1～10MeV 中子的贡献；热中子对系统芯片大气中子单粒子效应有影响，对单粒子效应截面的贡献约为44.4%。

第 5 章　SoC 单粒子效应软件故障注入研究

对于复杂的 SoC 系统，内部不同结构功能模块的单粒子效应敏感性不同，因此在进行容错方法研究之前，首先应该确定系统内部的敏感模块，针对性地采取不同的容错手段。除了微束辐照，故障注入技术也是一种验证系统可靠性和容错机制的有效办法。通过人为注入故障加速系统失效，明确系统内部的敏感模块。常用的故障注入技术包括硬件故障注入、软件故障注入和模拟故障注入。软件故障注入方法比较灵活，开发成本低，并且对系统没有损伤。因此，本章建立基于 Xilinx Zynq-7000 SoC 的软件故障注入系统，开展多个模块的软件故障注入实验，进一步对 SoC 单粒子效应进行分析。

5.1　Xilinx Zynq-7000 SoC 软件故障注入系统

5.1.1　SoC 软件故障注入方法

软件故障注入技术就是通过修改存储器或者寄存器的值来模拟处理器或者嵌入式系统硬件及软件故障[129-131]。按照故障注入的阶段不同，可分为编译时故障注入和运行时故障注入。编译时故障注入就是在程序加载和运行之前，故障就被注入程序代码中。运行时故障注入就是提前设定故障注入时间，当测试程序运行至故障注入点时，系统产生中断，将故障引入寄存器或者存储器。故障注入模型主要用于描述故障注入原理和故障注入流程，有利于故障注入系统的开发和应用。

1. 故障注入模型

故障注入模型是描述故障注入的理论模型，包含故障注入的所有属性[132]。本系统采用 FWR 模型，包括故障集(fault，F)、工作负载集(workload，W)和读出集(readout，R)。

1) 故障集

本系统针对的故障模型是单粒子效应瞬态故障，故障注入的属性采用以下三元组来表示：

$$(fil，fit，fitm)，其中 fil \in FIL，fit \in FIT，fitm \in FITM$$

FIL：故障注入地址集，即故障注入的位置，本系统故障注入的位置包含 CPU 寄存器、存储器和外设控制器，并且可进行一位或者多位故障注入，为了精确地标识故障注入的位置，还需要引入故障掩码。因此，FIL 需要使用以下二元组来表示：

$$(fipa, \ fimask)，其中 fipa \in FIPA，fimask \in FIMask$$

FIPA：故障注入物理地址集，即故障注入至目标 SoC 寄存器或者存储器的具体物理地址。

FIMask：故障注入掩码集，用于标识故障注入指定物理地址的具体位置。Xilinx Zynq-7000 SoC 寄存器为 32 位，因此故障掩码也是 32 位，其中故障注入位的值为 1，未进行故障注入位的值为 0。

FIT：故障类型集，本系统主要模拟 SoC 单位翻转和多位翻转，因此故障类型为 SEU 和 MBU。

FITM：故障注入时间集，即故障注入时间点，本系统采用运行时故障注入方法，通过设置定时器超时触发故障注入机制，可采用的时间精度为微秒(μs)和毫秒(ms)。

2）工作负载集

工作负载集是指运行在目标 SoC 系统上的测试程序或者应用程序，采用以下二元组进行表示：

$$(wr, \ wt)，其中 wr \in WR，wt \in WT$$

WR：工作负载集，对于不同的硬件模块采用不同的测试程序，因此 WR 包含 SoC 目标模块的所有测试程序，系统通过加载不同的测试程序，对目标模块执行故障注入。

WT：工作负载时间集，故障注入应该在测试程序运行结束前进行，因此故障注入时间点应该在工作负载运行时间内，$fitm \in WT$。

3）读出集

R 表示故障注入结果的反馈集合。当选定故障注入输入参数，即一组$(f, w) \in F \times W$，并且执行了故障注入操作，从而得到反馈信息 $r \in R$。R 可由以下三元组表示：

$$(cifb, \ fifb, \ rfb)，其中 cifb \in CIFB，fifb \in FIFB，rfb \in RFB$$

CIFB：控制信息反馈集，表示上位机与目标 SoC 测试板的连接是否正常。

FIFB：故障注入反馈集，表示故障注入是否成功。

RFB：运行结果反馈集，跟踪测试程序的运行情况，并且将故障注入结果反馈给上位机。

根据 SoC 的故障注入模型，确定 SoC 故障注入的算法如下所示。

输入：$(f, \ w) \in F \times W$;

输出：$r \in R$。

步骤 1：通过上位机软件设定故障注入的参数$(f, \ w)$;

步骤 2：检测 SoC 测试板状态是否正常，反馈 $r(cifb)$，如果设备异常，算法结束;

步骤 3：设定并开启目标 SoC 的定时器，测试程序运行；

步骤 4：定时器超时，触发系统产生中断；

步骤 5：根据输入 f，调用指定的故障注入算法执行故障注入，反馈 r(fifb)；

步骤 6：返回至测试程序中断处，继续执行测试；

步骤 7：测试程序运行结束或者系统产生异常，反馈结果信息 r(rfb)；

步骤 8：算法结束。

以上为一次故障注入的算法，多次故障注入的算法就是增加故障注入次数，重复以上故障注入流程。

2. 故障注入方案

故障注入方案包括 CPU 故障注入方案、存储器故障注入方案和外设控制器故障注入方案。

1) CPU 故障注入方案

主要对 ARM CPU 内部寄存器 R0～R15 进行故障注入，寄存器故障注入的方案如图 5-1 所示。寄存器故障注入方案主要有两个关键点，一个是故障注入位置，另一个是故障注入时间。本方案针对指令执行过程中，对运行的寄存器进行故障注入，可以指定故障注入的目标寄存器，也可以通过上位机随机产生目标寄存器。目标寄存器确定后，通过故障掩码确定故障注入的具体位置，该方法可以针对具体的研究对象开展，也可以通过计算机随机产生故障注入位置。由于单粒子效应的产生具有随机性，程序运行的过程中，任何时刻都可以进行故障注入。最终通过故障掩码与目标寄存器执行异或运算，模拟寄存器发生翻转，故障注入完成，系统进程从中断处读取寄存器的值，继续运行程序，则包含故障信息的寄存器值被读入到程序进程中。

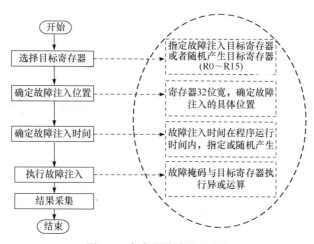

图 5-1　寄存器故障注入方案

2) 存储器故障注入方案

Xilinx Zynq-7000 SoC 存储器包括 OCM 和 DDR3，存储器是由 ARM 统一编址，因此可以通过选择不同的地址范围区分 OCM 和 DDR3。存储器故障注入方案如图 5-2 所示，存储器故障注入方案与寄存器故障注入方案类似，为了保证故障注入效率，节省故障注入时间，存储器故障注入前要明确工作负载所在的地址空间，保证故障注入的目标地址在工作负载的地址范围内。通过上位机确定具体故障注入地址，或者上位机随机产生故障注入地址。为了保证故障注入的结果具有统计意义，与寄存器注入方法类似，随机产生某个故障注入地址的故障注入位，通过故障掩码与目标地址的数据执行异或运算，模拟目标地址上的数据产生翻转。程序运行至故障注入时刻，下位机完成故障注入。同理，故障注入后该存储器地址上的数据保存在该地址上，中断恢复后，系统从该地址空间取值，完成整个故障注入活动。

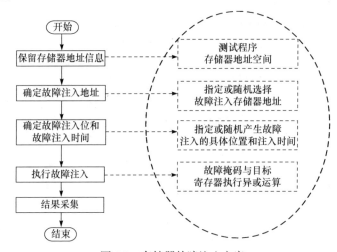

图 5-2　存储器故障注入方案

3) 外设控制器故障注入方案

Xilinx Zynq-7000 SoC 包含多种不同的外设模块，如 DMA、控制器、存储器控制器和 I/O 控制器等。为了研究这些模块的单粒子效应，需要将故障注入至控制器内部的寄存器中，如控制寄存器、状态寄存器和数据寄存器。通过对控制寄存器注入故障来模拟单粒子翻转造成的控制指令异常故障；状态寄存器注入故障模拟单粒子翻转造成的外设模块状态异常；数据寄存器注入故障模拟单粒子翻转造成的控制器数据通信方面的故障。通过这种方法，可以实现对多个外设模块单粒子翻转故障模拟，特别是针对那些不能直接进行故障注入的外设模块，可以通过注入故障至其控制单元来间接模拟单粒子效应造成的影响。具体的注入方案与CPU 寄存器故障注入方案类似，这里不再赘述。

5.1.2 Xilinx Zynq-7000 SoC 软件故障注入系统设计

1. 总体设计

根据故障注入模型和故障注入方案，设计 SoC 软件故障注入系统，包含上位机子系统和下位机子系统，其结构如图 5-3 所示，主要包括以下几个关键部分。

(1) 故障参数库：注入故障属性设置，如故障类型、注入位置与注入时间等。

(2) 工作负载库：SoC 运行的测试基准程序或应用程序，用于对不同模块的功能检测。

(3) 故障注入管理器：整个 SoC 故障注入系统的控制管理单元，负责故障注入参数设置，注入流程控制和结果记录统计等。

(4) 故障注入：按照生成的故障参数列表，将故障引入目标系统的靶位置。

(5) 结果反馈：故障注入结果与正常运行结果进行对比，观察注入故障是否有效，是否会导致系统异常。

(6) 数据统计：故障注入实验完成后，统计故障注入的总次数、成功次数、失败次数和系统失效类型。

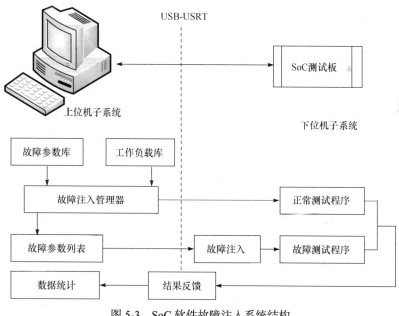

图 5-3　SoC 软件故障注入系统结构

2. 上位机子系统

上位机子系统是运行在 PC 上的故障注入管理软件，如图 5-4 所示，故障注入管理软件上位机界面包括通信模块、工作负载配置模块、故障参数配置模块、流程控制模块、信息输出模块和日志模块。

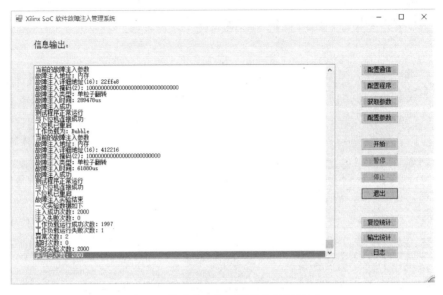

图 5-4　故障注入管理软件上位机界面

1) 通信模块

通信模块负责上位机与 SoC 测试板进行交互，如发送命令、数据传输与结果反馈等，采用 USB-UART 接口，需要设置 COM 口、波特率、奇偶位、数据位和停止位。

2) 工作负载配置模块

工作负载配置模块为工作负载库，包括基准测试程序和被测试模块的测试程序，如寄存器测试程序、存储器测试程序与应用程序等。测试程序不同，会导致故障注入的结果有所差别。

3) 故障参数配置模块

故障参数配置模块为故障参数库，通过设置最终生成包括故障注入位置、故障注入掩码、故障注入类型、故障注入时间和故障注入次数的故障参数列表，其中故障注入掩码、故障注入类型和故障注入时间可以指定或由控制软件随机产生。图 5-5 所示为故障参数配置模块的操作界面。

4) 流程控制模块

控制流程模块负责控制故障注入流程的开始、暂停、停止和退出。

5) 信息输出模块和日志模块

信息输出便于实时观察故障注入的结果，及时控制操作流程。下位机将故障注入的结果反馈给上位机管理软件，并保存成日志文件，最终进行故障注入结果的数据统计。图 5-6 所示为故障注入结果日志文件。

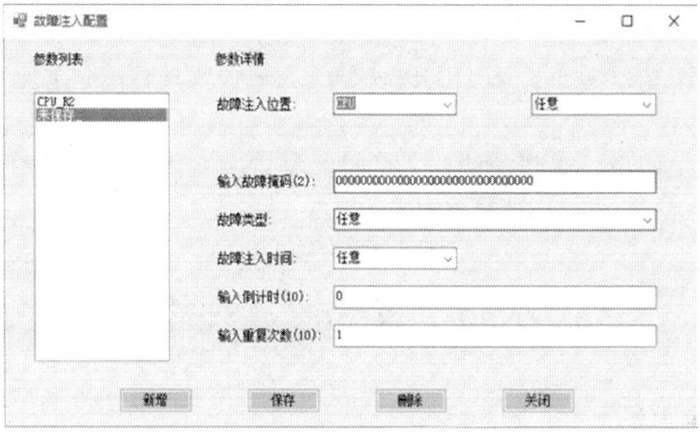

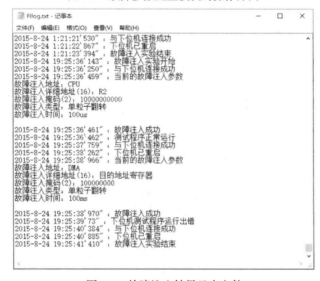

图 5-5　故障参数配置模块的操作界面

图 5-6　故障注入结果日志文件

3. 下位机子系统

下位机子系统为运行在 SoC 测试板上的软件程序，包括测试程序运行、故障注入、故障监视跟踪与信息采集等功能。

1) 测试程序运行

测试程序包括正常测试程序和含有故障参数的测试程序，通过运行这两种测试程序，检验故障是否有效。

2) 故障注入

故障注入为下位机子系统的核心模块，通过设置中断的方式改写目标寄存器或者存储器的值，当程序运行至故障注入时刻，中断程序运行，通过指令修改目标寄存器或存储器的值，重新启动运行程序模拟单粒子翻转。

3) 故障监视跟踪

故障监视跟踪模块主要用于监视故障注入是否成功,并将信息反馈给上位机。

4) 信息采集

信息采集主要负责采集故障注入的最终结果,将程序运行的最终结果通过串口上传至上位机,如运行出错和程序中断等。

5.2　Xilinx Zynq-7000 SoC 软件故障注入测试

5.2.1　故障注入流程

图 5-7 所示为 SoC 软件故障注入流程,分为七步。

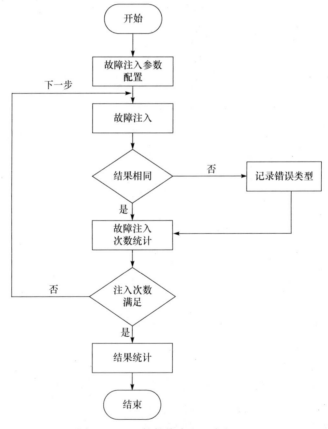

图 5-7　SoC 软件故障注入流程

(1) 开始:进行故障注入前,确保上位机与下位机连接正常,并且工作负载和故障注入程序已保存在 SD 卡内,能够正常启动运行。

(2) 故障注入参数配置：故障注入参数包括选择工作负载、故障注入模块、故障掩码、故障类型和故障注入时间。故障注入模块为待研究的目标模块，本实验主要为 CPU 寄存器、存储器、DMA 和 QSPI-Flash 控制器等模块。故障掩码是确定故障注入的具体位置，可以通过控制界面自己设定或随机产生，由于单粒子翻转具有随机性，为了保证结果的统计意义，实验选择随机方式。故障类型是单位翻转和多位翻转。故障注入时间是指触发故障注入的时间，工作负载确定之后，便可以获得工作负载的运行时间(T)，因此故障注入时间应位于[0，T]。

(3) 故障注入：下位机根据注入对象和故障参数，选择相应的算法，将故障注入系统内部。

(4) 结果对比：故障注入完成后，程序从中断处恢复继续运行，最终对比运行结果和正常测试程序运行结果，若结果一致，统计故障注入的次数；若结果不一致，记录错误类型，并统计故障注入次数。

(5) 故障注入次数统计：统计故障注入次数，若达到要求，故障注入结束；若未达到要求，继续进行故障注入。

(6) 结果统计：故障注入后根据注入的情况，对结果进行统计分类，包括故障注入成功次数、失败次数、数据错误次数、中止次数和超时次数。

(7) 结束：统计结束以后，关闭下位机测试板电源，故障注入实验结束。

5.2.2　故障注入结果分析

1. 故障注入结果分类

Xilinx Zynq-7000 SoC 单粒子翻转故障注入的结果可以分为以下几类。

(1) 结果错误：故障注入以后，测试程序在预定时间内可以完整运行，但是运行结果与正常情况下系统运行的结果不同，如计算结果错误。

(2) 程序中止：由于故障的引入，导致测试程序未能完整运行，出现测试程序运行中止现象，根据中止原因可以分为未定义指令中止、预取中止和数据中止等。

(3) 运行超时：测试程序运行都有一定的时间，但是注入故障以后，程序未能在预定的时间内运行结束。

(4) 无影响：故障注入以后，对系统未造成任何影响。

对于以上系统失效类型，造成结果错误、程序中止和运行超时的故障称为有效故障，而无影响的故障称为无效故障。其中，有效故障注入次数占系统总故障注入次数的比称为系统有效故障率。

2. CPU 寄存器故障注入结果

CPU 寄存器故障注入的测试程序包括单粒子效应测试程序和三种基准测试

程序，包括矩阵乘法(matrix multiply, MM)、冒泡排序(bubble sorting, BS)和斐波那契数列。为了保证故障注入结果具有统计意义，分别对寄存器 R0～R15 进行 2000次故障注入，故障注入时间和故障注入位置随机。表 5-1～表 5-4 所示分别为矩阵乘法测试程序故障注入结果百分比、冒泡排序测试程序故障注入结果百分比、斐波那契数列测试程序故障注入结果百分比和 SEE 测试程序故障注入结果百分比。图 5-8 所示为故障注入寄存器有效故障率分布图。

表 5-1　矩阵乘法测试程序故障注入结果百分比　　　　　(单位：%)

结果分类	R0	R1	R2	R3	R11	R12	R14	R15
结果错误	49.40	4.10	50.50	50.10	0	13.40	17.05	20.00
程序中止	0	0.30	1.77	1.55	61.19	0	58.67	46.80
运行超时	0	0.60	2.83	3.30	32.90	0	15.28	14.40
无影响	50.60	95.0	44.90	45.05	5.91	86.60	9.00	18.80

表 5-2　冒泡排序测试程序故障注入结果百分比　　　　　(单位：%)

结果分类	R1	R2	R3	R11	R14	R15
结果错误	10.30	28.80	46.50	0	8.10	15.30
程序中止	0.30	0.40	1.30	60.70	48.70	52.90
运行超时	1.00	1.30	3.40	34.60	26.60	15.60
无影响	88.40	69.50	48.80	4.70	16.60	16.20

表 5-3　斐波那契数列测试程序故障注入结果百分比　　　　　(单位：%)

结果分类	R0	R3	R4	R11	R13	R14	R15
结果错误	20.85	16.70	17.10	6.17	0.70	1.50	10.10
程序中止	0	0	0	19.50	7.80	8.90	44.90
运行超时	22.05	0.80	0	74.25	5.55	4.20	27.40
无影响	57.10	82.50	82.90	0.08	85.95	85.40	17.60

表 5-4　SEE 测试程序故障注入结果百分比　　　　　(单位：%)

结果分类	R3	R11	R13	R14	R15
结果错误	0	0	0	9.60	15.30

续表

结果分类	R3	R11	R13	R14	R15
程序中止	0.40	51.20	13.20	38.80	51.20
运行超时	0.80	31.40	2.00	14.40	15.60
无影响	98.80	17.40	84.80	37.20	17.90

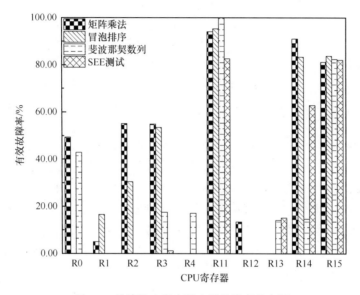

图 5-8　故障注入寄存器有效故障率分布图

根据故障注入的结果可以得到以下结论：

(1) 测试程序不同，敏感寄存器不同。几种程序的测试结果表明，不同测试程序下，敏感寄存器会有所差别。例如，在矩阵乘法和斐波那契数列测试程序下，R0 寄存器为敏感寄存器，分别导致结果错误和运行超时，但在冒泡排序和 SEE 测试程序中不会造成任何影响。此外，不同测试程序敏感寄存器的数量不同，也说明了这一点。

(2) 不同的寄存器对系统产生的影响不同。CPU 内部的寄存器都具有特定的功能，因此故障注入后可能会导致寄存器的功能异常。例如，R0 和 R4 寄存器仅仅导致数据结果错误，而 R15 寄存器会导致数据结果错误、运行超时和程序中止错误。这是由于 R0 和 R4 寄存器主要用于存储变量和临时数据，而 R15 寄存器为程序计数器，不同寄存器出现软错误后，对系统产生的影响不同。

(3) 同一寄存器在不同的测试程序下有效故障率不同。这是由于不同的测试程序下，寄存器的使用频率和存储资源不同，导致系统有效故障率也会不同。例如，在矩阵乘法测试程序下，R0 寄存器的有效故障率为 49.40%，而在斐波那契数列测试程序下为 42.90%。

(4)R11 和 R15 是系统最敏感的两个寄存器。尽管不同的测试程序下，敏感寄存器不同，但是所有的测试程序下，R11 和 R15 寄存器的有效故障率都超过 80%，并且导致系统出现的异常情况复杂，包含三种系统失效类型。因此，这两个寄存器首先要采取抗辐射加固措施。

(5)SEE 测试程序下，出错的寄存器较少，并且数据结果错误占有效故障的比例为 10.20%，程序中止为 63.46%，运行超时为 26.32%。由此可以看出，程序中止导致系统出错的百分比最大，这也解释了 SoC α粒子单粒子效应中只观察到程序中断错误，并且 R11、R14 和 R15 寄存器是导致程序中断的主要原因。

3. 存储器故障注入结果

存储器故障注入采用α粒子单粒子效应存储器测试程序，分别对 DDR3 和 OCM 进行故障注入实验。测试程序在存储器中以二进制的方式存储，并且分为指令块、数据块和堆栈等，因此分别在数据块和代码块注入软错误故障，研究不同存储块的单粒子效应。实验中分别注入故障 2000 次，故障注入位置和故障注入时间随机，表 5-5 为存储器故障注入结果百分比。为了研究单粒子翻转与故障注入时间之间的关系，分别在不同的时间点对 OCM 注入故障，得到有效故障率随故障注入时间变化的分布如图 5-9 所示。

表 5-5　存储器故障注入结果百分比　　　　　　　　　　　　(单位：%)

结果分类	DDR3(数据)	DDR3(指令)	OCM(数据)	OCM(指令)
结果错误	46.90	7.10	45.20	8.35
程序中止	0	6.80	0	5.60
运行超时	0	7.80	0	6.25
无影响	53.10	78.30	54.80	79.80

从存储器故障注入结果可以得出，SEU 发生在不同的存储块导致系统失效的类型不同。DDR3 和 OCM 故障注入实验都表明 SEU 发生在数据存储区域主要导致系统出现数据结果错误，不会产生其他错误类型。例如，DDR3(数据)结果错误占比为 46.90%，OCM(数据)结果错误占比为 45.20%。SEU 发生在指令存储区产生的错误类型比较复杂，结果错误、程序中止和运行超时都会发生。在第 2 章 2.3 节中，已经对 ARM 的指令格式进行分析，包括条件代码域、指令代码域、源地址、

目标地址和第二个操作数五个域，SEU 发生的位置不同导致系统失效的类型不同。例如，SEU 产生在操作数区域可能会导致结果错误，SEU 产生在指令代码域会导致原指令异常，产生程序中止、死锁等错误。因此，对于存储器α粒子单粒子效应实验，SEU 产生在 OCM 数据区域导致数据结果错误，而产生在指令区域会导致程序中止错误。

根据图 5-9 可以得出，SEU 出现在 OCM 故障注入时间[4000μs，11000μs]时有效故障率比较高，而在其他时间段较低。说明当单粒子翻转发生在[4000μs，11000μs]容易导致系统失效，这是由于在该时间段内，主要对存储器进行数据写入和读出操作，当写入和读出的数据发生 SEU 时，容易导致结果的不一致，会产生大量的数据结果错误。因此，存储器单粒子效应产生的错误情况与程序的故障注入时间具有一定的关系。

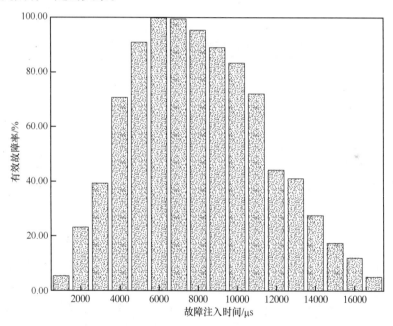

图 5-9　OCM 有效故障率随故障注入时间变化分布

4. 外设控制器故障注入结果

外设控制器故障注入实验主要针对 DMA 控制器和 QSPI-Flash 控制器。由于 SoC α粒子单粒子效应实验中观察到这两个模块出现了单粒子效应，并且 DMA 模块的单粒子效应截面较大。因此，实验分别对 DMA 源地址寄存器(SAR)、目的地址寄存器(DAR)、通道控制寄存器(CCR)和 QSPI-Flash 控制寄存器(CR)开展外设控制器故障注入实验，实验结果见表 5-6，表中数据为不同故障注入结果的百分比。由表 5-6 可以得出，SEU 发生在 DMA 源地址寄存器和目的地址寄存器会导致很高的系统失效(system failure, SF)概率，分别为 92.10%和 92.30%，并且通道控制寄存器、源地址寄存器和目的地址寄存器发生 SEU 都会导致数据结果错误。此外，目的地址寄存器出现 SEU 还会导致程序中止和运行超时错误，在 SoC α粒子单粒子效应实验中也观察到这两种错误类型。因此，通过软件故障注入实验，可以解释 DMA 单粒子效应实验的结果。源地址寄存器产生 SEU 会导致数据传输过程中初始地址错误，从而使传输的数据出错，造成大量数据流失。目的地址寄存器发生 SEU 会导致数据传输的目的地址错误，可能导致数据未完全传输，造成与原始存储区域数据对比不一致。目的地址出错有可能导致该错误地址无法访问或者不存在，造成程序中止和运行超时。QSPI-Flash 控制寄存器发生 SEU，造成系统出现数据错误和运行超时，有效故障率达到 87.60%，这也验证了单粒子实验中所观察到的数据错误。

表 5-6　外设控制器故障注入结果百分比　　　　　　　　(单位：%)

结果分类	DMA CCR	DMA DAR	DMA SAR	QSPI-Flash CR
结果错误	65.20	83.20	92.10	81.30
程序中止	0	3.40	0	0
运行超时	0	5.70	0	6.30
无影响	34.80	7.70	7.9	12.40

5.3　本　章　小　结

为了深入开展 SoC 单粒子效应机理研究和软错误敏感电路分析,本章提出 SoC 软件故障注入方案，建立了基于 Xilinx Zynq-7000 SoC 软件故障注入系统，开展了 CPU 寄存器、存储器和多个外设模块的单粒子翻转故障注入实验，获得了 SoC 系统失效类型，计算得到不同故障注入结果的百分比和有效故障率。通过分析可知，CPU 单粒子翻转敏感寄存器随测试程序的不同有所不同，并且导致系统失效的类型也有差别，其中 R11 和 R15 寄存器有效故障率达 80%以上，是导致系统失效的主要原因之一，并且失效类型复杂。存储器单粒子翻转敏感性和系统失效类型与存储区域相关，数据存储区域主要导致数据结果错误，而指令存储区域失效类型较为复杂。外设故障注入模块的失效类型更加复杂，并且随故障注入模块的不同失效机理和失效类型不同，其中 DMA 敏感单元为源地址寄存器和目的地址寄存器,QSPI-Flash 控制器敏感单元为内部控制寄存器。结合α粒子单粒子效应实验结果，深入分析了软错误 SEU 对系统造成的影响，并且解释了部分α粒子单粒子效应实验的结果。

第 6 章　基于 Verilog HDL SoC 模拟故障注入研究

故障注入技术是研究系统容错机制的常用方法，根据故障注入对象和方法的不同分为硬件故障注入、软件故障注入和模拟故障注入[133-135]。硬件故障注入技术是基于芯片管脚输入、激光或者重离子/质子/中子辐照等，硬件故障注入技术能够真实地反映系统故障的响应，但是对系统的物理损伤比较大，一般辐照后的系统不在实际应用中使用，成本较高[136-138]。第 3~4 章的辐照实验就是硬件故障注入，第 5 章介绍了软件故障注入，本章将介绍模拟故障注入。

在系统原型开展模拟故障注入，可以在系统设计阶段尽早发现系统中存在的敏感节点，验证系统容错设计的有效性，减少在系统芯片可靠性方面的投资成本，也可以减小由于硬件故障注入给系统带来的物理损伤，同时克服软件故障注入的有限性。本章基于模拟故障注入技术，建立基于 Verilog HDL 语言的 SoC 模拟故障注入系统，以 OpenRISC 1200 系统为研究对象，开展不同模块 SEU、固定 0 和固定 1 三种故障类型的故障注入实验，并计算不同模块的软错误敏感性和错误率。

6.1　模拟故障注入技术原理

模拟故障注入是一种基于系统仿真模型的故障注入方法，被测试的系统模型通常是利用硬件描述语言在不同抽象层次进行描述，如结构级、寄存器传输级 (register transfer level, RTL)、行为级或者门级[139-140]。采用硬件描述语言(VHDL、Verilog HDL)能够对数字集成电路、微处理器或者系统的逻辑设计进行验证，从多个抽象层次对系统进行硬件描述。因此，模拟故障注入方法主要是将故障注入以 HDL 语言构建的系统仿真模型中。模拟故障注入方法能够在系统的设计阶段发现其中存在的问题与敏感节点，及时更改系统的设计和敏感电路，减少后期系统物理实现所耗费的经济和时间成本。表 6-1 总结了三种不同故障注入方法的优缺点，可以看出，模拟故障注入方法具有较高的可控制性和可观察性。

表 6-1　三种类型故障注入方法对比

对比项目	硬件故障注入		软件故障注入	模拟故障注入
	PIN 管脚	辐照		
可控制性	低	低	中	高

续表

对比项目	硬件故障注入		软件故障注入	模拟故障注入
	PIN 管脚	辐照		
可观察性	低	低	中	高
付出成本	高	高	低	低
电路相似度	高	高	中	中

根据实现的方式不同，模拟故障注入技术主要分为三种，分别为基于代码修改技术、基于仿真命令技术和其他技术。

(1) 基于代码修改的技术包括破坏(saboteurs)技术和突变(mutants)技术[141-142]。saboteurs 技术就是通过在系统 HDL 代码中间添加故障注入模块，改变目标模块的输入信号值或时序特性，实现故障注入。saboteurs 技术根据添加模块的数量和组合方式，可以分为简单串行、复杂串行和并行。在正常运行时 saboteurs 模块不会对系统造成影响，当故障注入控制信号激活时，saboteurs 模块会完成故障注入的过程。saboteurs 技术的主要缺点是当目标系统复杂或者注入位置较多时，故障注入模块的管理控制将过于复杂，并且每次注入时需要重新编译，因此仿真时间较长。mutants 技术就是使用一个具有故障注入特性的模块替换原始模块，在故障注入未激活的情况下，该模块相当于原始模块，不会对系统造成影响。当故障注入激活时，该模块将完成故障注入活动。mutants 技术实现的方式有很多种，其中更改句法结构或者 VHDL 代码是主要方式，该方法可在行为级实现多种不同类型故障注入。基于 VHDL 的配置机制也是一种很好的方式，但是由于每一个组件与构造体的关系绑定是静止的，编译之后两者的关系并不会产生变化，因此只能注入永久故障。为了实现瞬态故障的注入，需要进行动态实例化，此时可采用的方法有"守护模块法"和"Case 语句"方法。mutants 技术的主要缺点是改变了系统内部模块的 VHDL 代码，实现起来比较复杂，并且不具有复用性，其时间开销和内存开销比较大。

(2) 基于仿真命令技术是利用仿真软件命令更改模型中信号的逻辑值或者时序特征，无须更改 VHDL 代码，操作起来比较方便[133-134,143]。该技术借助于仿真软件命令内建指令，因此也会局限于仿真软件内建指令的功能是否强大，如 Modelsim 仿真软件或者 Synopsys VHDL 仿真软件。利用仿真软件命令能够注入瞬态故障、永久故障和间隙故障[144]。

(3) 除了以上故障注入技术以外，还有借助其他手段的故障注入技术，如基于 Verilog 编程语言接口(programming language interface, PLI)的故障注入技术[145]。PLI 提供了一组对 Verilog 接口进行扩展的可编程语言接口，通过 C 语言编写的外部应用程序可以读取并改变内部逻辑值，模拟故障注入。

6.2 SoC 模拟故障注入系统

如图 6-1 所示，SoC 自动仿真故障注入系统采用基于 Verilog HDL 仿真命令故障注入技术，联合 Modelsim 仿真软件和 Visual Studio 2013 软件开发，包括故障注入参数设置、故障注入仿真和实验结果分析三个部分，提供了一个能快速执行故障注入、模拟和数据分析的仿真平台。该系统利用 Visual Studio 2013 软件完成上位机控制界面的开发，通过上位机控制界面进行故障注入参数设置，自动调用 Modelsim 仿真软件生成故障注入宏文件。Modelsim 仿真软件是由 Mentor Graphics 开发的一款 HDL 仿真软件，主要是针对 IC 设计的仿真阶段，即对 Verilog HDL 或 VHDL 描述的设计进行验证。利用 Modelsim 仿真软件的工具命令语言(tool command language，TCL)生成故障注入宏文件，完成测试程序的加载、模拟仿真、结果对比和数据分析。该故障注入系统能够对仿真系统中每个模块的信号进行自动提取，执行故障注入，研究单个模块对系统的影响及重要性，也可研究模块中每个信号对于系统的影响。该系统有很重要的应用价值，并且操作简便，可控性好。

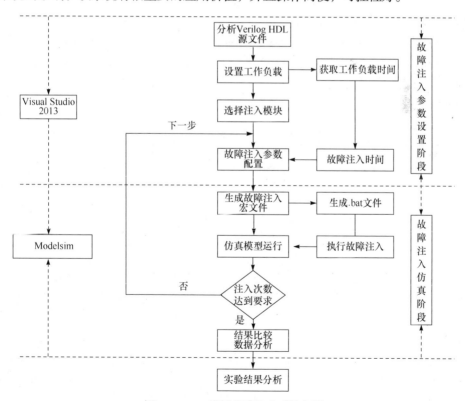

图 6-1　SoC 模拟故障注入系统框图

6.2.1 故障注入参数设置

故障注入参数设置阶段是故障注入实验开始前的准备阶段，主要包括两个过程，即故障注入参数提取和故障注入参数设置。故障注入参数提取就是要通过分析系统源代码(Verilog HDL)产生故障注入目标列表，确定故障注入的对象。故障注入参数设置就是根据需要研究的故障类型，设置故障注入时间、故障类型和故障持续时间等关键因素。

1. 故障注入参数提取

基于 Verilog HDL 仿真命令故障注入技术，就是通过在 RTL 改变系统中信号的逻辑值实现故障注入。因此，故障注入前的关键就是提取系统及各模块的名称、输入输出信号、内部的信号类型、逻辑值、不同信号的位宽和故障注入目标列表。目标列表的提取主要是通过分析系统的源代码，提取出需要注入的模块、信号类型(net 型或者 reg 型)和信号值等，确定故障注入的范围。利用 Modelsim 仿真软件编译与仿真功能，分析得出对系统功能产生影响的信号，并且利用 TCL 语言保存所有的信号信息，包括信号名称、信号类型、信号值和位宽。将所有模块的仿真结果保存成值变转储(value change dump，VCD)文件，该文件是一种包含了头信息、变量定义和变量值等信息的 ASCII 文件。采用 VCD 文件，可以将仿真结果、模块端口和内部信号值等信息保存至硬盘中。上位机控制界面通过读取硬盘中的 VCD 文件，识别模块中所有的信号，产生故障注入目标列表。表 6-2 是产生 VCD 文件所需的 TCL 脚本语言。

表 6-2　产生 VCD 文件所需的 TCL 脚本语言

步骤	仿真命令
1	vsim or1200_tb
2	vcd dumpports -file vcdfile.vcd /or1200_tb/or1200_top/module/*
3	run
4	quit -sim

表 6-2 的命令中，"vsim or1200_tb"是启动仿真命令，"vsim"是启动仿真功能，"or1200_tb"是要进行仿真的模块，即 or1200 的顶层测试文件。步骤 2 中的命令"vcd dumpports -file vcdfile.vcd"是创建 VCD 文件"vcdfile.vcd"，并向其添加信号，"/or1200_tb/or1200_top/module/*"中的"module"是指定的模块或信号，可以是处理器、寄存器、ALU 和 Ctrl 等模块。"run"用来运行仿真命令，"quit-sim"指的是停止仿真。经过这四个步骤，最终将故障注入目标模块的所有信号的变化状态都记录下来。

2. 故障注入参数设置

故障注入参数设置关系到能否等效真实环境中故障类型[144]，因此设置故障注入参数时，有以下六个重要因素需要考虑。

(1) 故障注入时间(T_{start})。故障注入时间是一个随机离散值，可以是整个仿真过程中的任何时间，为负载程序运行结束前的任意时间点，即 $T_{start} \in [0, T_w]$，T_w 为负载运行的时间。采用不同概率分布的方式设置故障注入时间点，可以研究特定分布对系统故障率的影响。在本故障注入系统中，采用均匀分布的方式设置故障注入时间点。

(2) 故障注入结束时间(T_{end})。故障注入结束时间也是一个随机离散值，是位于故障注入开始到仿真结束这段时间内的任意点，即 $T_{end} \in [T_{start}, T_w]$。与故障注入时间类似，可采用随机分布的方式设置故障结束时间，并且根据故障类型决定故障注入结束时间，如瞬态故障、间隙故障或永久故障。

(3) 故障注入位置(L)。故障注入位置与被研究的对象相关，可以是处理器、存储器、寄存器或者处理器内部的各个模块。每个模块需要注入的信号包括端口信号、模块内部的信号、连线、寄存器和变量。可以通过上位机控制界面任意选择故障注入的模块和信号。

(4) 故障类型(F_{type})。故障类型按照逻辑值的变化可以分为单粒子翻转和固定型故障(stuck-at fault)两种常见故障。单粒子翻转是由于单粒子效应导致存储器与寄存器等电路逻辑值产生翻转，是最为常见也是对系统可靠性影响最为严重的一种故障类型。固定型故障是数字电路系统测试中最为常见的故障类型，是某种原因导致系统或者电路中某根信号线出现了异常的恒定值，不会因为输入的激励变化而产生变化，辐射导致的单个位的硬损伤就是这种故障。若该恒定值为逻辑低电平，则称为固定 0 型故障(stuck-at 0)；若该恒定值为逻辑高电平，则称为固定 1 型故障(stuck-at 1)。固定型故障是相对于电路的逻辑功能而言的，与具体的物理故障没有直接联系。因此，本系统研究的主要故障类型为 SEU 与 stuck-at 0/1 故障。

(5) 故障注入数量(N_{fault})。故障注入数量关系到故障注入结果的可信度，数量较多时，耗费的仿真时间较多，数量较小可信度不高，因此故障注入数量与研究对象故障注入的空间大小有关。一般取几千至几万次，在执行故障注入时，按照不同模块的空间大小选择分层抽样的方式，确定故障注入的数量。

(6) 故障持续时间($T_{duration}$)。故障持续时间按照故障类型可分为瞬态故障、间隙故障和永久故障，即 $T_{duration} \in [0, T_{end} - T_{start}]$。瞬态故障是空间辐射环境中对航天器可靠性影响较为严重的一种故障类型，单粒子效应导致的多种软错误多为瞬态故障，如 SEU 与 SET。因此，本系统研究的重点为瞬态故障。

综上所述，故障注入模型应该是包含六个基本元素的六元组模型，该六元组模型体现在每个故障注入宏文件中，如下所示：

$$FI = [T_{start}，T_{end}，L，F_{type}，N_{fault}，T_{duration}]$$

该六元组模型中，任何一个参数的改变都会产生新的故障类型。

6.2.2　故障注入仿真

故障注入仿真阶段就是整个故障注入的核心阶段，包括故障注入宏文件的产生和故障注入结果分析。

1. 故障注入宏文件

故障注入宏文件也称为 DO 文件，是一次可以执行多条命令的脚本文件，采用 TCL 语言编写。熟练使用 Modelsim 宏文件可以大大节省编译和仿真过程中消耗的时间。因此，故障注入 DO 文件包含所有故障注入参数的脚本文件，Modelsim 通过执行故障注入 DO 文件完成整个故障注入的过程，包括建立工作库、编译、仿真、波形添加、故障注入参数设置和结果比较分析。模拟故障注入时使用到的 Modelsim 仿真命令及其功能见表 6-3[146-147]。

表 6-3　模拟故障注入时使用到的 Modelsim 仿真命令及其功能

仿真命令	功能
add wave	在波形窗口添加 Verilog 中线网和寄存器变量
run	运行仿真
force	修改 Verilog 中线网或者寄存器变量的逻辑值
force-freeze	强制赋值给指定的信号，直至使用 noforce 命令消除
force-deposit	强制赋值给指定的信号，内部时钟驱动导致信号值发生变化
change	修改 Verilog 寄存器变量的逻辑值
noforce	去除强制添加的信号值
dataset save	保存当前进程的仿真数据在指定的文件
dataset open	打开指定的波形文件(WLF 文件)
compare add	比较指定的信号(故障注入结果比较)
wlf2log	波形文件转化为文本文件

为了提高故障注入效率，一种方法是上位机控制系统将通过参数传递自动生成故障注入 DO 文件，同时使用命令"vsim-do module.do"将生成的 DO 文件封装成批处理文件(.bat 文件)，通过执行.bat 文件就可以完成整个故障注入实验。另一种方法是通过 C 语言调用 Windows 系统的 cmd 命令，然后通过 cmd 命令执行

指定路径的 DO 文件完成故障注入实验。

注入的故障类型包括 SEU 故障与 stuck-at 0/1 故障，并且故障注入的信号类型也有所不同，包括线 net 型或者 reg 型，因此故障注入的宏文件也会有所差别。表 6-4 为 stuck-at 故障注入仿真命令格式。当系统运行至故障注入时间点开始执行故障注入，通过仿真命令"force -freeze"强制改变目标信号的逻辑值为 1 或 0，分别针对 stuck-at 1 故障或者 stuck-at 0 故障，按照故障的持续时间，释放目标信号的逻辑值。若故障类型为瞬态故障，故障注入结束后，采用"noforce"命令释放目标信号值，系统继续运行至仿真结束，即步骤 1～5。若故障类型为永久故障，则故障注入持续至仿真结束，即步骤 1～3。

表 6-4　stuck-at 故障注入仿真命令格式

步骤	仿真命令	功能
1	run (T_{start})	运行至故障注入时间点 T_{start}
2	force-freeze (signal) (value)	强制目标信号为设定值
3	run ($T_{duration}$)	重启仿真，故障持续时间为 $T_{duration}$
4	noforce (signal)	释放被强制赋值信号
5	run (T_w-T_{start}-$T_{duration}$)	运行至仿真结束

表 6-5 为 SEU 瞬态故障仿真的命令格式，针对不同类型的目标信号所使用的命令有所差别，对于系统中的 net 型或 reg 型信号，使用"force-deposit"命令对目标信号进行强制赋值，并且在系统内部时序电路的驱动下逻辑值会发生变化，重新赋以新值。对于 reg 型信号，还可以使用另外一种命令——"change"命令，也可以改变目标信号的逻辑值，同样在内部时序电路的驱动下，目标信号的值发生变化。因此，可根据设置好的故障注入参数和仿真步骤分析瞬态 SEU 故障注入，系统运行至故障注入时间点，通过仿真命令"force -deposit"或"change"改变目标信号的逻辑值使其产生翻转，继续运行至系统仿真结束。

表 6-5　SEU 瞬态故障仿真的命令格式

步骤	仿真命令	功能
1	run (T_{start})	运行至故障注入时间点 T_{start}
2	force-deposit (signal) (value)/ change (signal) (value)	改变目标信号值为设定值
3	run all	运行至仿真结束

2. 故障注入结果分析

为了验证注入的故障是否对系统产生影响，采用仿真结果波形对比的方式判定故障是否有效，图 6-2 所示为故障注入结果分析方法。选择对比的信号，应该是能够反映系统运行结果的端口信号，图中 6-2 中 fault_injection.wlf 文件代表故障注入系统运行结果的波形文件，fault_free.wlf 代表无故障注入系统运行结果波形文件，如果两者比较结果一致，说明该故障无效；两者结果不一致，说明该故障有效[146]。通过 TCL 语言完成整个故障仿真结果的对比分析，比较出两者之间的差异，注入结果比较分析命令格式见表 6-6。步骤 1～3 表示首先保存故障注入仿真结果的波形数据，然后打开没有进行故障注入的仿真结果波形数据和故障注入结果的波形数据。步骤 4～6 表示开始进行两组数据比较，添加需要比较端口的信号值，分析计算两组波形数据的差异，如信号名称、信号值和时间点。步骤 7 则表示将比较的结果保存成 TXT 文件至指定的路径。

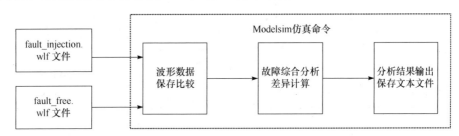

图 6-2　故障注入结果分析方法

表 6-6　注入结果比较分析命令格式

步骤	仿真命令	功能
1	dataset save sim (fault_injection.wlf)	保存反映故障注入结果的波形数据
2	dataset open (fault_free.wlf)	打开无故障仿真结果的波形数据
3	dataset open (fault_injection.wlf)	打开故障注入结果的波形数据
4	compare start (fault_free) (fault_injection)	开始比较两组数据
5	compare add -wave	添加需要比较的信号
6	compare run	开始运行比较，分析计算差别
7	compare info-write(path)	将比较的结果保存至指定的路径

6.2.3　实验结果分析

故障注入实验最后的阶段是实验结果分析阶段，即根据实验的目的计算相关数据。通过故障注入实验，可以计算不同类型的故障对系统以及内部模块的影响，计算各模块的错误率，完成对系统的敏感性分析和可靠性评估。由于系统内每个模块的故障注入位数量都不等，如何确定故障注入的数量和评估计算结果的可信度非常关键。采用穷尽的故障注入方法，时间和精力都不允许，也不科学，将统计学抽样的方法与故障注入方法结合起来，将很好地解决上述问题[148-149]，故障注入结果分析方案如图 6-3 所示。将所有的故障注入位作为总体，实验进行故障注入位就相当于在总体中进行样本抽样，而抽样的方式包括简单抽样、分层抽样和系统抽样。由于系统内部不同模块都有明显的差异，采用分层抽样的方法，既能保证每个个体都能等概率被抽中，又使抽取的样本具有代表性。按照分层抽样的结果确定每个模块故障注入的数量，而具体的每个故障注入位采用随机抽样。实验结束后，采用统计学方法对每个模块的软错误敏感性进行区间估计，并计算不同模块造成的系统失效概率，确定总体真值所在的范围。

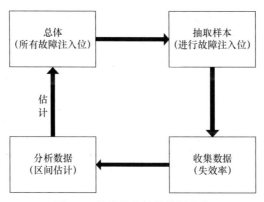

图 6-3　故障注入结果分析方案

　　根据故障注入的结果，统计每个模块故障导致系统失效的故障数量，采用软错误敏感性反映软错误对该模块影响的大小，所谓的"软错误敏感性"指的是导致系统失效的故障数占注入故障总数的比例[150-151]，利用式(6-1)计算系统中每个模块的软错误敏感性：

$$\mathrm{SES}_i = \frac{N_\mathrm{Failure}}{N_\mathrm{Inject}} \tag{6-1}$$

式中，SES_i 为模块 i 软错误敏感性；N_Failure 为导致系统出错的有效故障注入数量；N_Inject 为该模块故障注入的数量。

　　对于系统内部的模块，仅从软错误敏感性角度，很难评价该模块系统失效概率的大小和对系统失效的影响。软错误敏感性只能反映该模块出现故障以后系统失效概率的大小，若软错误敏感性高，则说明该模块出现故障容易造成系统失效，然而实际上每个模块出现故障的概率有所不同。例如，若该模块的面积占系统总面积的比例较小，即在实际环境中与重离子发生碰撞的概率也相对较小，虽然它可能具有较高的软错误敏感性,但是导致整个系统失效的概率也不会很大。对 RTL 而言,若该模块有效信号位数占系统总信号位的比重较小,即便是具有较高的软错误敏感性,可能对系统造成的影响不大,因此不能单纯依靠软错误敏感性来评估一个模块的错误率。综合以上因素,定义某个模块造成的系统失效概率为某个故障发生在该模块的概率与该模块导致系统失效的概率之积,采用式(6-2)计算 SoC 内部某个模块造成的系统失效概率:

$$SF_i = \frac{m_i}{M_i} \cdot SES_i \tag{6-2}$$

式中,SF_i 为模块 i 造成的系统失效概率;m_i 为模块 i 的有效 bit 位;M_i 为系统总的 bit 位;SES_i 为模块 i 的软错误敏感性。

利用式(6-1)与式(6-2)分别计算各功能模块的软错误敏感性和系统失效概率。但是任何抽样都存在误差,而抽样误差是个随机变量,会随着样本的数量产生变化,即便是相同数量的样本,样本个体之间也会存在差异。因此,采用抽样平均误差反映抽样误差的大小,即反映故障注入结果误差的大小,衡量故障注入计算结果与真实结果的偏差。

重复抽样的抽样平均误差计算方法如式(6-3)所示:

$$\mu_P = \sqrt{\frac{P(1-P)}{n}} \tag{6-3}$$

式中,μ_P 为重复抽样平均误差;P 为样本软错误敏感性;n 为样本故障数。

不重复抽样的平均误差计算方法如式(6-4)所示:

$$\mu_\beta = \sqrt{\frac{P(1-P)}{n}\left(\frac{N-n}{N-1}\right)} \tag{6-4}$$

式中,μ_β 为不重复抽样平均误差;P 为样本软错误敏感性;n 为样本故障数;N 为总体故障数。

采用故障注入的方法对不同模块的软错误敏感性进行计算,计算结果与真实值总存在一定的误差,如何确定误差范围的大小及真值在误差范围内的概率,就需要采用区间估计的方法。所谓区间估计就是根据样本指标和抽样的极限误差,以一定可靠程度推断总体指标的可能范围,即根据故障注入计算结果和极限误差,判断真值的可能范围。需要注意的是 $1-\alpha$ 称为置信度,也就是真实值落在置信区间 $[P-\Delta P, P+\Delta P]$ 的概率为 $1-\alpha$。

重复抽样极限误差计算方法如式(6-5)所示:

$$\Delta P = Z_{\alpha/2} \cdot \mu_P \tag{6-5}$$

式中,ΔP 为极限误差;$Z_{\alpha/2}$ 为概率度,α 为显著水平;μ_P 为重复抽样平均误差(计算不重复抽样极限误差时用 μ_β 代替 μ_P)。

重复抽样置信区间计算方法如式(6-6)所示：

$$\left[P - Z_{\alpha/2} \sqrt{\frac{P(1-P)}{P}}, P + Z_{\alpha/2} \sqrt{\frac{P(1-P)}{P}} \right] \tag{6-6}$$

式中，P 为样本软错误敏感性；$Z_{\alpha/2}$ 为概率度。

不重复抽样置信区间计算方法如式(6-7)所示：

$$\left[P - Z_{\alpha/2} \sqrt{\frac{P(1-P)}{P}} \left(\frac{N-n}{N-1} \right), P + Z_{\alpha/2} \sqrt{\frac{P(1-P)}{P}} \left(\frac{N-n}{N-1} \right) \right] \tag{6-7}$$

式中，P 为样本软错误敏感性；$Z_{\alpha/2}$ 为概率度；N 为总体故障数；n 为样本故障数。

6.3　基于 Verilog HDL SoC 模拟故障注入系统设计

基于 Verilog HDL 模拟故障注入系统包括上位机控制软件和下位机仿真软件。下位机仿真主要通过 Modelsim 仿真软件实现，6.2 节已经描述了具体实现的过程。本节主要介绍上位机控制软件。上位机控制软件主要通过 Visio studio 2013 软件实现，是整个故障注入系统输入和控制端口，图 6-4 所示为 Verilog HDL SoC 模拟故障注入系统上位机控制软件的操作界面，该控制界面可以分为三个部分，即路径设置、故障注入参数设置和控制输出。

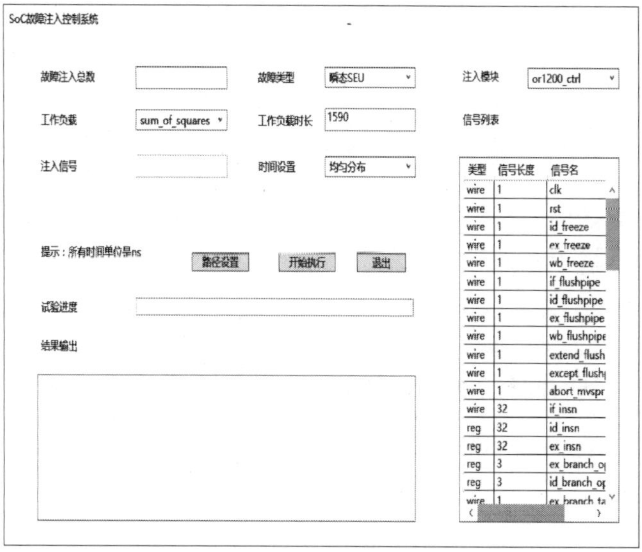

图 6-4　Verilog HDL SoC 模拟故障注入系统上位机控制软件的操作界面

6.3.1　路径设置

路径设置主要用于设置不同目录的保存路径，包括实验工程目录、无故障结果目录、注入脚本生成目录、注入结果目录和比较结果目录。在故障注入实验开始前设置该单元，路径设置单元如图 6-5 所示。

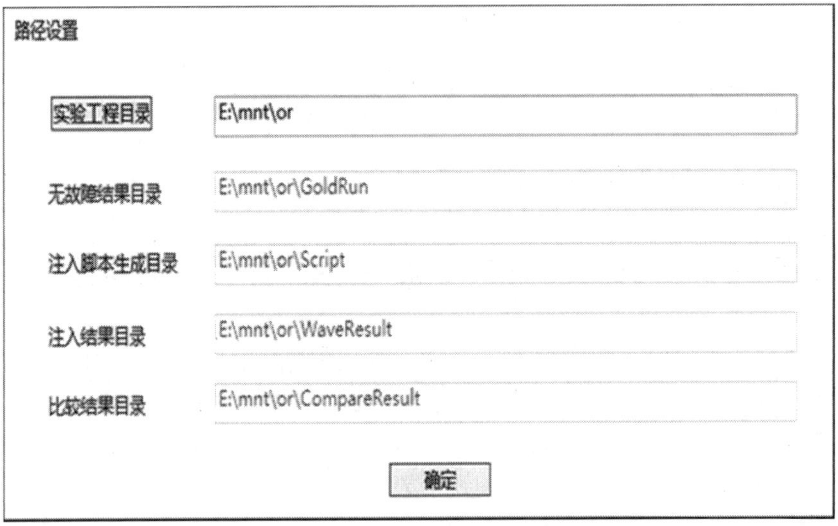

图 6-5　路径设置单元

下面分别对这几个目录进行介绍。

(1) 实验工程目录：实验工程文件保存地址，包括系统 Verilog HDL 源文件及 Modelsim 工程文件。

(2) 无故障结果目录：该目录下保存未进行故障注入系统仿真的结果，即实验对照组。

(3) 注入脚本生成目录：故障注入 DO 文件保存地址，包含每次故障注入的脚本文件，打开可观察每次故障注入的参数。

(4) 注入结果目录：故障注入之后，系统仿真结果的波形文件保存地址。

(5) 比较结果目录：两组波形文件比较结果的保存地址，可查看两组波形数据的异常点，包括时间与逻辑值等信息。

6.3.2　故障注入参数设置

故障注入参数设置单元如图 6-6 所示，主要按照故障注入六元组模型设置故障类型，包括故障注入总数、故障类型、工作负载、工作负载时长、注入模块、注入信号、故障类型和时间设置等。

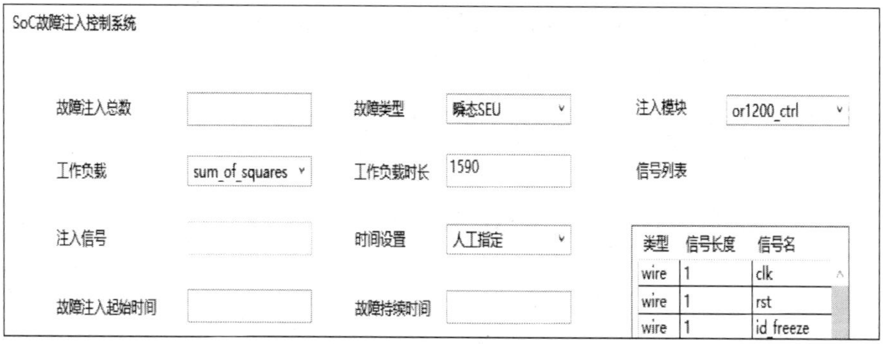

图 6-6　故障注入参数设置单元

下面主要对其中六个部分进行介绍。

(1) 故障注入总数：进行故障注入的次数，为了保障故障注入结果的可信度，故障注入的次数越多越好，但是为了节省故障注入仿真时间，这里选择按照分层抽样的方式计算故障注入的总数。

(2) 故障类型：主要包括瞬态 SEU 与 stuck-at 故障。SEU 故障是单粒子效应瞬态故障的主要类型，也是研究的主要对象之一。

(3) 工作负载：工作负载就是系统运行的测试程序，以二进制的方式保存在系统存储器单元。

(4) 工作负载时长：工作负载运行的时间是设置故障注入起始时间和故障持续时间的重要参数，要保证故障注入起始时间和故障持续时间不能超过工作负载时长。

(5) 注入模块：注入模块和信号列表相对应，选择好需要研究的目标模块，信号列表将会显示信号类型、信号位宽和信号名。对于位宽超过 1 的信号，系统将随机选择注入的位，如 8 位、16 位或 32 位。

(6) 时间设置：时间设置的方式包括人工指定和随机分布。人工指定主要设置故障注入起始时间和故障持续时间，针对专门的时间段进行故障注入，可以研究故障随时间分布的一些特征。对于多次故障注入，采用人工指定的方式，显然不太可能，因此可以选择随机分布的方式。这里的随机分布指的是故障注入起始时间和故障持续时间按照一定的方式随机抽样，如均匀分布等。故障注入次数较多时，采用不同的分布方式注入故障，也可以研究不同随机分布对故障分布的影响。

6.3.3　控制输出

控制输出单元如图 6-7 所示，主要负责故障注入系统开始和结果输出，上述两个步骤结束之后，就可以开始故障注入实验，其中试验进度栏可以用来观察实验的进度，方便估计实验进行的时间和完成的时间。结果输出窗口可以及时查看实验的状态，输出比较的信号数量、结果比较不同处的数量和最终故障注入的结果。具体细节可以查看比较结果目录。

图 6-7　控制输出单元

6.3.4　故障注入流程

图 6-8 所示为系统模拟故障注入流程，主要过程如下。

(1) 读取 Verilog HDL 源文件。分析系统 Verilog HDL 源文件，获取系统内部模块以及内部信号。

(2) 选择故障注入模块和信号。选择需要研究的目标模块，从信号列表中选取研究对象。

(3) 设置故障注入参数。根据制定的故障注入计划，设置故障注入参数，包括故障注入总数、故障类型、工作负载、故障注入时间和故障持续时间。

(4) 读取故障注入 DO 文件。启动 Modelsim 软件，读取故障注入 DO 文件。

(5) 进行仿真，开始实验。Modelsim 软件执行 DO 文件宏命令，开始故障注入。

(6) 是否已注入 M 次。M 为一种故障类型的故障注入次数，若故障注入完成 M 次故障注入，则继续下一种故障类型注入；若不满足 M 次故障注入，则继续该错误类型的故障注入。

(7) 所有故障类型注入是否完成。故障类型根据系统设计，包括 SEU 和 stuck-at 故障，进行多种类型故障注入实验时，若所有故障类型已完成，则更换下一个模块进行故障注入；若没有完成，继续进行后续故障类型注入实验。

(8) 所有故障注入模块是否完成。系统内包含多个模块，并且每个模块需进行多种类型故障注入，因此完成故障注入实验，需进行完所有故障注入模块的注入实验。

(9) 结果统计。主要对注入的总次数和有效故障进行统计。

(10) 软错误敏感性和系统失效概率计算。按照 6.3.2 小节实验结果分析部分给出的公式，计算模块的软错误敏感性、平均误差、置信区间和系统失效概率。

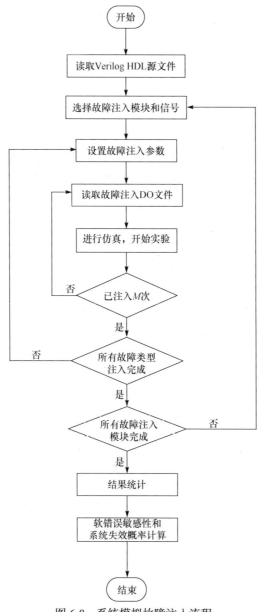

图 6-8　系统模拟故障注入流程

6.4　OR1200 故障注入

6.4.1　OR1200 结构分析

OR1200 来源于 OpenRISC 项目，主要是基于精简指令集(reduced instruction set computer, RISC)处理器，用于建立一个免费、开源的计算机平台，提供一些基于该架构的 RISC 处理器以及免费、开源的开发工具、库、操作系统和应用程序。OR1200 是一个 32 位的 RISC 处理器，采用 Harvard 架构(指令与数据分开存储)、五级整数流水线、支持内存管理单元(memory manage unit, MMU)、Cache 和基本的 DSP 功能[152-153]。图 6-9 为 OR1200 CPU 的整体组成和内部逻辑结构示意图。表 6-7 为 OR1200 内部各模块的功能说明。OR1200 在结构和性能上类似于欧洲航天局开发的 LEON2 处理器，不同的是 LEON2 采用 VHDL 语言编写，使用 SPARC V8 指令集，而 OR1200 采用 Verilog 语言编写，采用 ORBIS32 专用指令集。

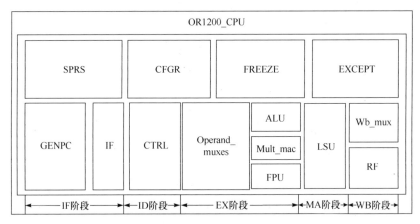

图 6-9　OR1200 CPU 的整体组成和内部逻辑结构示意图

OR1200_CPU-OR1200 中央处理单元；SPRS-特殊寄存器集；CFGR-配置寄存器集；FREEZE-CPU 暂停单元；EXCEPT-异常控制单元；GENPC-PC 计算单元；IF-指令预取单元；CTRL-控制单元；Operand_muxes-操作数复用单元；ALU-算术逻辑单元；Mult_mac-乘除运算单元；LSU-加载存储单元；Wb_mux-写回控制单元；RF-寄存器文件；IF 阶段-指令预取阶段；ID 阶段-指令译码阶段；EX 阶段-执行阶段；MA 阶段-存储器访问阶段；WB 阶段-写回阶段

表 6-7　OR1200 内部各模块的功能说明

模块名称	全称	作用	Verilog 文件
SPRS	特殊寄存器集	读写各种特殊寄存器	or1200_sprs.v
CFGR	配置寄存器集	从 VR、UPR 和配置寄存器读出配置值	or1200_cfgr.v

续表

模块名称	全称	作用	Verilog 文件
FREEZE	CPU 暂停单元	根据各个流水线阶段的反馈信号，负责控制整条流水线各阶段的暂停信号	or1200_freeze.v
EXCEPT	异常控制单元	对异常情况进行处理，引导 CPU 跳转至异常处理程序入口地址	or1200_except.v
GENPC	PC 计算单元	计算程序计数器 PC 的地址	or1200_genpc.v
IF	指令预取单元	获取指令并将指令送到下一流水阶段	or1200_if.v
CTRL	控制单元	对 IF 阶段送来的指令进行解析，产生其余模块的各种控制信号	or1200_ctrl.v
Operand_muxes	操作数复用单元	依据指令从多个输入中选择其中两个输入作为操作数	or1200_operandmuxes.v
ALU	算术逻辑单元	完成整数运算、移位、比较和逻辑等运算	or1200_alu.v
Mult_mac	乘除运算单元	完成乘法和除法操作，并更新在 SPRS 中的乘法累计寄存器	or1200_mult_mac.v
LSU	加载存储单元	将内存数据加载至寄存器，将寄存器数据存储至内存	or1200_lsu.v
Wb_mux	写回控制单元	多路选择器，将其他流水线阶段的结果选择一个送入寄存器堆	or1200_wbmux.v
RF	寄存器文件	通用寄存器文件，包含 32 个通用寄存器	or1200_rf.v

OR1200 处理器采用五级流水线设计，如图 6-9 所示，所谓的流水线就是利用执行指令所需操作之间的并行性，实现多条指令并行执行的一种技术。五级流水线包括指令预取阶段、指令译码(instruction decoding，ID)阶段、执行(execution，EX)阶段、存储器访问(memory access，MA)阶段和写回阶段。采用五级流水线提高了 CPU 处理指令的速度，缩短程序执行时间。下面主要对 OR1200 的五级流水线进行说明。

(1) IF 阶段：IF 阶段包含两个模块 GENPC 和 IF，主要是根据程序计数器(PC)指示的地址从存储器中读取指令，并送入指令寄存器中，同时计算下一条指令的地址(PC+4)。

(2) ID 阶段：ID 阶段负责指令译码、处理数据相关性。指令的译码就是将 IF 阶段送来的指令，根据其定义完成对所有指令的解析，解析的结果就是产生各种不同的控制信号。对于寄存器运算操作，两个操作数可能来自立即数、寄存器堆、数据存储器或者不同的流水线阶段，为了保证流水线操作的正常，需要采用前递或者旁路技术处理数据之间的关系。IF 阶段的大部分指令由 CTRL 模块完成，产生各种控制信号送入其他模块。

(3) EX 阶段：主要通过运算部件进行运算，加减、逻辑与移位运算采用 ALU 执行，乘除运算采用 Mult_mac 执行，计算结果送至 ALU 单元。OR1200 只有一个运算单元，而多个模块需要进行运算，因此采用操作数复用单元选择其中一个。

(4) MA 阶段：主要负责 CPU 内部寄存器堆和外部存储器之间的数据搬运，通过 LSU 模块实现，其中从寄存器到存储器使用存储(store)，从存储到寄存器使用加载(load)。

(5) WB 阶段：流水线的最后阶段，主要负责将数据写回至寄存器，如将运算结果写回寄存器或将内存中读出的数据写回寄存器。

6.4.2 故障注入方案

6.2.3 小节描述了采用分层抽样的方案进行 SEU 和 stuck-at 0/1 故障注入，下面结合 OR1200 的结构分析一下具体的故障注入方案。注入的对象包括 CPU 内部所有的模块，因此首先计算 CPU 内部能够进行故障注入的所有信号位和总的时钟周期，并且计算各个模块所占有的比例，然后确定实验的故障注入总数，最终采用等比例抽样的方法计算不同模块的故障注入数量。下面分别分析各项参数。

(1) 测试程序：测试程序决定故障注入的次数和故障注入的结果，本次实验采用的测试程序为连续自然数的平方和公式(sum of squares)，此公式为冯哈伯公式的特例，应用范围很广。测试程序采用 C 语言编写，利用 Ubuntu 虚拟机提供的 GNU 工具链 GCC 编译器，将 C 语言转化为系统可识别的二进制文件，然后按照存储器初始化文件格式保存到外部存储器中，系统的时钟为 50MHz，测试程序的时长为 1590ns。

(2) 故障注入次数：故障注入次数由信号的位数和测试程序的时钟周期决定，为了保证故障注入的结果具有统计意义和较高的可信度，经过计算决定设置 43800 次故障注入，采用式(6-8)，等比例抽样决定每个模块的故障注入次数

$$n_i = \frac{m_i}{M} \cdot N \tag{6-8}$$

式中，n_i 为模块 i 的故障注入总数；m_i 为模块 i 的信号位数(有效 bit 位)；M 为系统总的 bit 位数；N 为系统总故障注入次数。表 6-8 为各模块故障注入数量，可以看出 Mult_mac 模块的故障注入次数最多，FREEZE 模块故障注入的次数最少。

表 6-8　各模块故障注入数量

模块名称	有效 bit 位百分比/%	故障注入次数
ALU	6.52	2856
CTRL	7.95	3480
GENPC	7.47	3272

续表

模块名称	有效 bit 位百分比/%	故障注入次数
IF	3.96	1735
Operand_muxes	5.44	2383
Wb_mux	4.24	1855
FREEZE	0.60	264
FPU	4.08	1787
SPRS	13.26	5808
EXCEPT	10.16	4448
LSU	9.77	4280
RF	9.84	4312
Mult_mac	15.54	6808
CFGR	1.17	512

(3) 故障注入时间：故障注入时间为随机数，可在测试程序执行的任何时间点，因此采用均匀分布的方式抽取故障注入的时间点和故障持续时间。

6.4.3　故障注入结果分析

根据 6.2.3 小节提供的计算方法，分别计算 OR1200 在注入 SEU、stuck-at 0 和 stuck-at 1 故障情况下各模块的软错误敏感性、平均误差、置信区间和其造成的系统失效概率。软错误敏感性反映了 SoC 内部某个模块出现故障后导致系统失效的概率大小，软错误敏感性越高，说明该模块发生故障后，越容易导致系统失效。系统失效概率反映了 SoC 内部某个模块故障导致系统失效的概率。系统失效概率越大，说明该模块越容易对系统的安全性产生影响。对于系统失效概率高的模块，应该采取一定的加固措施保证其可靠性。

1. OR1200 SEU 故障注入结果

表 6-9 为通过式(6-1)、式(6-2)和表 6-8 计算 OR1200 SEU 故障注入软错误敏感性及系统失效概率的计算结果。由表 6-9 可得，FREEZE 模块的软错误敏感性最大，说明若 FREEZE 发生 SEU 导致系统失效的概率最大，其次是算术运算单元 ALU、Operand_muxes 模块、RF 模块、IF 模块、GENPC 模块，而 SPRS 模块和 CFGR 模块软错误敏感性较低，CFGR 模块的软错误敏感性为 0，这是由于执行测试程序时，该模块并未参与。OR1200 不同模块发生 SEU 造成的系统失效概率如图 6-10 所示。由图可以得出寄存器文件造成的系统失效概率最大，即对系统安全性影响最大，其次是运算单元 ALU、Mult_mac、Operand_muxes，再次是指令预取单元 GENPC、存储器访问单元 LSU、IF 和译码单元 CTRL。虽然 FREEZE 软错误敏感性最高，但是它在系统中有效 bit 位比重很小。因此，由 FREEZE 模块造成的系统失效概率最小。

表 6-9　　OR1200 SEU 故障注入结果　　　　　　　　（单位：%）

模块名称	SES	SF	平均误差	置信区间 (95%)	置信区间 (99%)	置信区间 (99.8%)
ALU	44.57	2.911	0.657	[43.28, 45.86]	[42.88, 46.26]	[42.52, 46.60]
CTRL	14.48	1.151	0.428	[13.64, 15.32]	[13.38, 15.58]	[13.16, 15.80]
GENPC	26.96	2.014	0.620	[25.74, 28.18]	[25.37, 28.55]	[25.04, 28.88]
IF	30.18	1.195	0.924	[28.37, 31.99]	[27.80, 32.56]	[27.32, 33.04]
Operand_muxes	38.14	2.075	0.874	[36.70, 40.12]	[36.16, 40.66]	[35.71, 41.11]
Wb_mux	15.33	0.650	0.612	[14.13, 16.53]	[13.75, 16.91]	[35.71, 41.11]
FREEZE	51.38	0.308	2.000	[47.46, 55.30]	[46.23, 56.53]	[45.20, 57.56]
FPU	21.36	0.871	0.578	[20.23, 22.49]	[19.87, 22.85]	[19.57, 23.15]
SPRS	6.54	0.867	0.185	[6.18, 6.90]	[6.06, 7.02]	[5.97, 7.11]
EXCEPT	6.90	0.701	0.180	[6.55, 7.26]	[6.44, 7.37]	[6.35, 7.46]
LSU	18.30	1.790	0.575	[17.17, 19.43]	[16.82, 19.78]	[16.52, 20.08]
RF	35.23	3.470	0.722	[33.81, 36.65]	[33.37, 37.09]	[33.00, 35.46]
Mult_mac	18.15	2.821	0.467	[17.23, 19.07]	[16.95, 19.35]	[16.71, 19.59]
CFGR	0	0	0	0	0	0

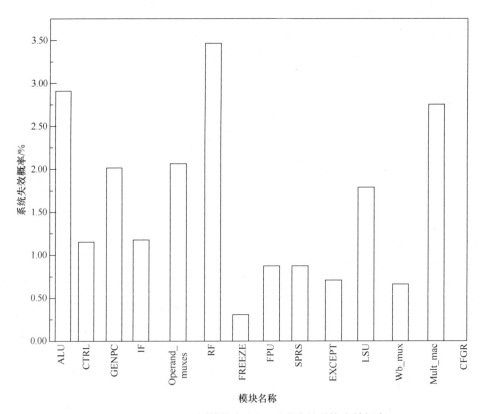

图 6-10　　OR1200 不同模块发生 SEU 造成的系统失效概率

2. OR1200 stuck-at 0 故障注入结果

stuck-at 0 故障注入各模块软错误敏感性、系统失效概率平均误差和置信区间的计算结果见表 6-10，OR1200 内部各模块发生 stuck-at 0 造成的系统失效概率如图 6-11 所示。由表 6-10 计算结果可知，FREEZE 模块的软错误敏感性最高，其次

表 6-10　OR1200　stuck-at 0 故障注入结果　　　　（单位：%）

模块名称	SES	SF	平均误差	置信区间 (95%)	置信区间 (99%)	置信区间 (99.8%)
ALU	10.57	0.689	0.536	[9.52, 11.62]	[9.19, 11.95]	[8.91, 12.23]
CTRL	12.76	1.010	0.379	[12.02, 13.50]	[11.78, 13.74]	[11.59, 13.93]
GENPC	12.46	0.931	0.496	[11.49, 13.43]	[11.18, 13.74]	[10.93, 13.99]
IF	24.49	0.970	0.849	[22.83, 24.15]	[22.30, 24.68]	[21.87, 27.11]
Operand_muxes	15.60	0.849	0.685	[14.26, 16.94]	[13.84, 17.36]	[13.48, 17.72]
Wb_mux	14.62	0.620	0.545	[13.55, 15.69]	[13.21, 16.03]	[12.93, 16.31]
FREEZE	26.01	0.156	1.240	[23.58, 28.44]	[22.82, 29.20]	[22.18, 29.84]
FPU	6.45	0.263	0.939	[5.68, 7.22]	[5.44, 7.46]	[5.24, 7.66]
SPRS	2.26	0.300	0.166	[1.93, 2.59]	[1.83, 2.69]	[1.75, 2.77]
EXCEPT	0.84	0.085	0.036	[0.77, 0.91]	[0.75, 0.93]	[0.73, 0.95]
LSU	5.28	0.516	0.394	[4.51, 6.05]	[4.27, 6.30]	[4.06, 6.50]
RF	19.11	1.880	0.596	[17.94, 20.28]	[17.58, 20.65]	[17.27, 20.95]
Mult_mac	5.85	0.909	0.284	[5.28, 6.41]	[5.12, 6.58]	[4.97, 6.73]
CFGR	0	0	0	0	0	0

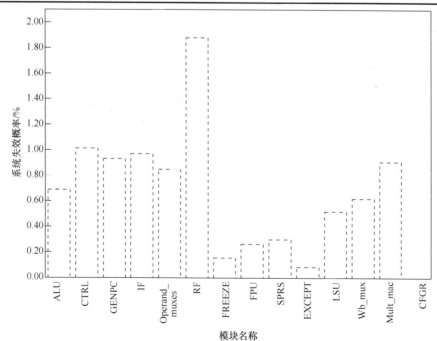

图 6-11　OR1200 各模块发生 stuck-at 0 造成的系统失效概率

是 IF 模块、RF 模块、Operand_muxes 模块、Wb_mux 模块、CTRL 模块、GENPC 模块，而 SPRS 模块和 EXCEPT 模块软错误敏感性最小。由各模块造成的系统失效概率计算结果可知，RF 模块是造成系统失效概率最大的单元，与 SEU 故障注入的结果相同，即 RF 模块对系统造成的影响最大，其次是译码单元 CTRL、预取值单元 IF、运算单元 Mult_mac 模块、Operand_muxes 模块、ALU 模块、Wb_mux 和存储器访问单元 LSU，而 EXCEPT 最小。因此，说明 RF 模块最容易导致系统失效，其次是 CTRL、IF 单元、GENPC，而 EXCEPT 影响最小。

3. OR1200 stuck-at 1 故障注入结果

表 6-11 为 OR1200 stuck-at 1 故障注入结果。由表 6-11 可知，FREEZE 模块软错误敏感性最高，其次是 Operand_muxes 模块、ALU 模块、IF 模块和 RF 模块，SPRS 模块软错误敏感性最低。OR1200 不同模块发生 stuck-at 1 造成的系统失效概率如图 6-12 所示。与 SEU 和 stuck-at 0 故障注入结果不同，Mult_mac 模块的系统失效概率最大，其次是 RF 模块、Operand_muxes 模块、ALU 模块、GENPC 模块、LSU 模块和 CTRL 模块，FREEZE 模块的系统失效概率最小。说明 Mult_mac 模块对系统失效的贡献最大，即 Mult_mac 模块在 stuck-at 1 故障下最容易导致系统失效，这是由于 Mult_mac 模块为乘法运算单元，并且以组合逻辑电路为主，stuck-at 1 故障导致电路中某些信号的逻辑值持续为 1，易触发电路产生错误的计算结果。

表 6-11　OR1200 stuck-at 1 故障注入结果　　　　（单位：%）

模块名称	SES	SF	平均误差	置信区间 (95%)	置信区间 (99%)	置信区间 (99.8%)
ALU	54.70	3.566	0.367	[53.98, 55.42]	[53.76, 55.65]	[53.57, 55.83]
CTRL	29.33	2.332	0.354	[28.64, 30.02]	[28.42, 30.24]	[28.24, 30.42]
GENPC	36.60	2.734	0.556	[35.51, 37.69]	[35.17, 38.03]	[34.88, 38.32]
IF	48.54	1.922	0.807	[46.96, 50.12]	[46.46, 50.62]	[46.05, 51.03]
Operand_muxes	73.84	4.017	0.436	[72.69, 74.40]	[72.42, 74.66]	[72.19, 74.89]
Wb_mux	28.44	1.206	0.209	[28.03, 28.85]	[27.90, 28.98]	[27.79, 29.09]
FREEZE	81.43	0.489	1.069	[79.34, 83.53]	[78.68, 84.18]	[78.13, 84.73]
FPU	29.20	1.192	0.214	[28.78, 29.62]	[28.65, 29.75]	[28.54, 29.86]
SPRS	9.34	1.238	0.079	[9.19, 9.49]	[9.14, 9.54]	[9.10, 9.58]
EXCEPT	9.40	0.955	0.092	[9.22, 9.58]	[9.16, 9.64]	[9.12, 9.69]
LSU	26.38	2.577	0.646	[25.11, 27.65]	[24.72, 28.04]	[24.38, 28.38]
RF	48.40	4.763	0.749	[46.93, 49.87]	[46.47, 50.33]	[46.09, 50.71]
Mult_mac	33.82	5.256	0.573	[32.70, 34.94]	[32.34, 35.30]	[32.05, 25.59]
CFGR	0	0	0	0	0	0

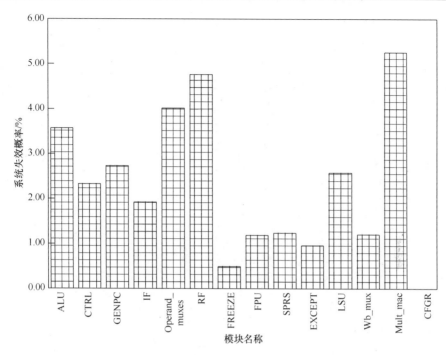

图 6-12　OR1200 不同模块发生 stuck-at 1 造成的系统失效概率

4. 故障注入结果总结

综合以上结果，图 6-13 和图 6-14 分别统计了 OR1200 各模块在不同错误类型下的软错误敏感性和 OR1200 各模块在不同错误类型下的系统失效概率。由此可以得出以下结论。

(1) 该故障注入系统能够完成不同故障类型的故障注入，并且可以统计故障注入的最终结果。采用平均误差计算公式和置信区间计算方法，能够很好地计算故障注入结果的平均误差和不同置信度下的软错误敏感性置信区间，方便对故障注入的结果进行统计分析。

(2) 不同故障类型下各模块的软错误敏感性不同，如图 6-13 所示。例如，SEU 故障下 LSU 模块的软错误敏感性为 18.30%，stuck-at 0 故障下软错误敏感性为 5.28%，stuck-at 1 下软错误敏感性为 26.38%。不同的故障类型使模块中不同信号的逻辑值产生变化，并且故障持续的时间也会有差异，这就导致系统在执行运算时产生不同的错误结果。

(3) 在所有故障类型下 FREEZE 模块软错误敏感性最高，而 CFGR 的软错误敏感性为 0，说明 FREEZE 模块出现故障以后最容易导致系统失效，这是由于 FRREZE 模块负责产生控制整条流水线各阶段的暂停信号，也就是维护 CPU 流水

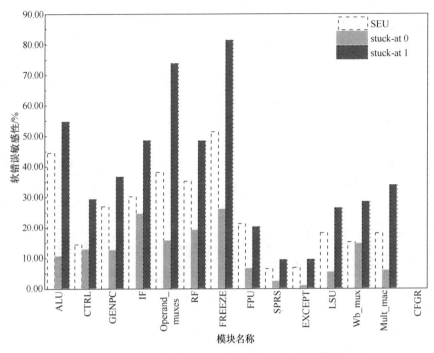

图 6-13 OR1200 各模块在不同错误类型下的软错误敏感性

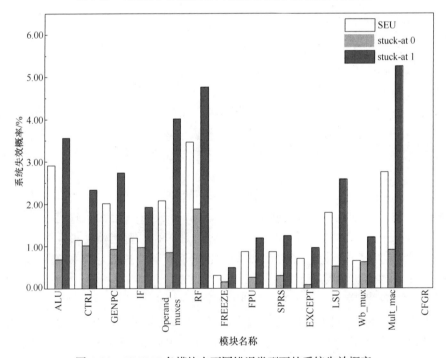

图 6-14 OR1200 各模块在不同错误类型下的系统失效概率

线的正常运转，如果 FREEZE 模块出现故障，很容易导致 CPU 流水线出现混乱，使系统出现错误。由于测试程序中没有使用到 CFGR 模块，该模块不会给 CPU 造成任何影响，系统失效概率为 0。

(4) 不同故障类型下的不同模块造成的系统失效概率不同。软错误敏感性只能反映该模块出现故障以后，导致系统失效概率变化，不能反映该模块对系统失效的影响。而系统失效概率能够很好地评价该模块对系统失效的贡献。例如，在 SEU 故障下 RF 的系统失效概率最大，说明在 SEU 情况下 RF 模块对系统造成的威胁最大，导致系统出现故障的概率最大，应该采用一定的容错手段进行重点保护。在 stuck-at 1 故障下，Mult_mac 模块的系统失效概率最大，说明在 stuck-at 1 故障下 Mult_mac 模块最容易影响系统可靠性。

(5) 不同模块的软错误敏感性与系统失效概率不同。例如，FREEZE 模块软错误敏感性最高，但是系统失效概率最低。软错误敏感性和系统失效概率的差异主要在于该模块发生软错误的概率。软错误敏感性已经确认故障发生在该模块，即发生软错误的概率为 1，只能说明故障已经发生后对系统的影响，没有考虑到该模块发生故障的概率，而系统失效概率不但考虑的该模块发生故障的概率，还考虑了该故障导致系统失效的概率。因此，采用系统失效概率更能反映某个模块对系统失效的影响。

(6) 不同的流水线阶段系统失效概率不同。对于软错误 SEU 而言，系统失效概率分布为 WB 阶段>EX 阶段>IF 阶段>MA 阶段>ID 阶段，说明流水线最后一个阶段——WB 阶段对 SEU 最为敏感，这是由于 WB 阶段主要是将数据写入寄存器，如将计算结果写入寄存器或将临时数据写入寄存器，寄存器的使用频率较高，容易受到 SEU 的影响。

6.5　本 章 小 结

本章基于 Verilog HDL 模拟故障注入技术，利用 Visio Studio 2013 软件和 Modelsim 仿真软件，设计并实现了基于仿真命令故障注入技术的 SoC 模拟故障注入系统，对系统总体构图、设计思路和实现方法进行了详细的描述。该系统操作简便，故障注入效率高，能够适用任何 Verilog 语言描述的数字电路系统。采用本章提出的分层抽样故障注入方案、软错误敏感性计算方法、平均误差、置信区间计算方法以及系统失效概率计算方法，基于 OR1200 系统，进行了三种故障类型下(SEU、stuck-at 0 和 stuck-at 1)的故障注入实验，最终求得各个模块的软错误敏感性、平均误差、不同置信度下的置信区间和造成的系统失效概率。计算结果表明，该方法精确度高，具有较好的统计学意义，能够定量分析系统内部模块的软错误敏感性及不同故障类型下不同模块对系统失效的影响，有助于指导抗辐射加固技术对敏感模块的保护，提高系统的可靠性。

第 7 章　SoC 软错误故障分析

SoC 是将多种功能模块集成在单个芯片上的复杂电子系统, 不同电路模块结构不同, 功能也不同, 在辐射环境下具有不同的单粒子敏感性和错误表现类型。概率安全分析(PSA)方法是评价复杂系统可靠性和安全性的一种有效方法, 在核电厂和航天器安全分析中有着广泛的应用[154-156]。本章采用概率安全分析方法, 基于 Xilinx Zynq-7000 SoC α 单粒子效应实验结果, 通过计算不同模块的软错误率, 建立 SoC 软错误故障树和事件树, 对 SoC 软错误可靠性进行评估, 定量分析 SoC 系统及子系统软错误故障率、不可用度和平均故障间隔时间, 以及不同故障序列发生的概率, 从而确定最严重的软错误故障序列。同时, 采用故障模式与效应分析方法, 计算 SoC 系统不可靠度, 定量评估对系统危害最大的敏感模块和系统失效模式。

7.1　概率安全分析

PSA 方法通过建立系统故障树和事件树, 采用定性和定量分析相结合的方法, 确定系统中的薄弱环节与故障原因的各种可能组合方式和故障序列, 计算系统发生故障的概率和不同故障序列的概率, 指出影响系统最为严重的故障序列, 从而指导系统设计与维修, 预防潜在的故障, 提高系统的可靠性。

7.1.1　故障树分析法

故障树分析(fault tree analysis, FTA)法就是把最不希望发生的系统状态或者某种待研究的系统故障状态作为研究目标, 根据系统结构和工作机制寻找直接导致这一故障发生的全部因素, 再跟踪找出造成上一级事件发生的全部直接因素, 直至无须再深追究为止, 是一种从结果到原因分析系统故障的推理过程[157-159]。在故障树分析中, 把系统故障称为顶事件, 无须再深究的事件称为底事件, 介于顶事件与底事件之间的一切事件称为中间事件。使用相应的符号代表这些事件, 再用适当的逻辑符号把顶事件、中间事件及底事件连接成树形图, 这种树形图称为故障树。以故障树为工具, 对系统故障进行评价的方法称为故障树分析法。

故障树分析法是一种图形演绎方法, 它可以围绕某特定的事故作层层深入的分析。因此, 清晰的故障树图形能表达系统内各个事件间的内在关系, 并指出单元故障与系统事故之间的逻辑关系, 便于找出系统的薄弱环节。采用故障树分析法主要用于找出导致顶事件发生的基本原因和基本原因组合。FTA 具有很大的灵活性，不仅可以分析某些单元故障对系统的影响，还可以对导致系统事故的特殊原因，如人为因素与环境影响进行分析。进行 FTA 的过程，是一个对系统深入认识的过程，它要求分析人员把握系统内各个要素的内在联系，弄清各种潜在因素对事故发生的影响途径和程度，因此许多问题在分析过程中就被发现和解决了，从而提高系统的安全性。利用故障树模型可以定量计算复杂系统发生故障的概率，为改善和评价系统安全性提供了定量依据。

故障树分析法的主要步骤如下：

(1) 分析系统结构。确定并熟悉研究的系统，分析系统结构和工作机制，按照系统—子系统—基本元件的方法逐层分解系统，熟悉系统基本原理和功能。

(2) 确定顶事件。根据分析的目标和系统故障类型，依据经验和调查结果，将系统经常出现的故障状态或者造成严重后果的故障状态作为研究对象，确定为故障树的顶事件。

(3) 建造故障树。建造故障树是一个逐渐完善的过程，通过收集系统资料和分析故障原因，找出导致顶事件发生的层层原因，按照系统结构和工作原理，采用逻辑符号将顶事件、中间事件和底事件连接成树状图。图 7-1 所示为故障树基本逻辑符号，可采用计算机辅助和人工建树的方式。

符号	名称	因果关系	有效输入
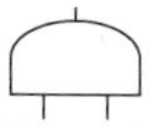	与门	当输入事件同时发生，则输出事件发生	≥2
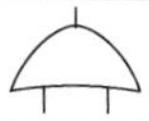	或门	当输入事件中至少有一个发生，则输出事件发生	≥2
	异或门	当输入事件中有一个发生时，输出事件发生，但两个输入事件同时发生时，输出事件不发生	2
 k/n	表决门	仅当 n 个输入事件中有 k 个或 k 个以上的事件发生时，输出事件才发生	≥3
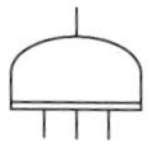	优先与门	当所有输入事件按从左到右的顺序发生时，输出事件发生	≥2

图 7-1　故障树基本逻辑符号

(4) 定性分析。采用上行法或者下行法求出系统最小割集，即找出导致系统失效所有可能的故障模式。

(5) 定量分析。求出顶事件发生的概率，即导致系统失效的某种故障状态的概率。

(6) 制定安全策略。采用故障树分析法就是为了找出系统的薄弱环节和系统失效的原因组合，从而采取措施进行重点防护，提高系统的可靠性。因此，根据故障树分析结果，可以设计、制定和指导维修策略及加固方法。

7.1.2　事件树分析法

事件树分析(event tree analysis，ETA)法是一种按照事故发展的时间顺序由初始事件开始推论可能的后果，从而进行危险源辨识的方法[160-162]。造成事故发生的初始事件又称为"初因事件"，正是由于初因事件的发生，导致一系列相继发生的后果，而每一种后果的产生过程都称为一种故障序列。每一个故障序列都存在着因果逻辑关系，一个事件的产生是由另外一个事件导致的，而该事件又会造成其他事件的产生，因此 ETA 法是一种由因到果的逻辑演绎法。

ETA 按照事故的发展顺序，将每一个阶段都分成两种对立的状态——成功和失败，而这两种状态又能够导致不同的后续事件，沿着每一个事件逐步向结果方面发展，直至达到系统故障或事故为止。事件树分析法既可以定性地了解整个事件发展的动态变化过程，又可以定量计算出各阶段事件的发生概率，最终了解各个故障序列的发生概率。通过事件树分析可以查明系统中各构成要素对事故发生的作用及其相互关系，能够判别事故发生的可能途径及其危害，最终找出影响系统最为严重的故障序列和系统不同状态的发生概率，从而采取措施，制止该故障序列的发生。事件树可以有很多种，从不同的初因事件和角度分析，能够建立不同类型的事件树。因此，根据需求和研究的某一个方面，可以建立不同的事件树。事件树分析法过程如下：

(1) 确定系统分析的初因事件。它可以是元件故障、人员误操作或过程异常等。一般是选择分析人员最感兴趣的异常事件作为初因事件。

(2) 分析系统的组成要素并进行功能分解。根据系统结构和工作原理，分析初因事件发生以后所导致的各种可能的后续事件。

(3) 分析各个事件产生的因果关系及成功、失败的两种状态。

(4) 构造事件树。根据事件因果关系及状态，从初因事件开始由左向右展开(成功在上，失败在下)。如果某一个环节事件不需要往下分析，则水平线延伸下去，不发生分支。图 7-2 所示为一个事件树示意图。

图 7-2　一个事件树示意图

（5）说明分析结果。在事件树最后写明由初因事件引起的各种后果。

（6）进行事件树简化。根据系统结构和原理，简化事件树，删除不可能发生的故障序列。

（7）进行定量计算。计算不同故障序列发生的概率或故障发生的频率，该故障序列发生的最终概率等于初因事件概率乘以每个阶段相应状态的发生概率。

7.1.3　SoC 软错误故障树分析

根据 Xilinx Zynq-7000 SoC α粒子单粒子效应实验结果，采用故障树分析法对 SoC 的软错误可靠性进行分析和评估。首先构建 SoC 软故障树，然后采用定性和定量分析方法对 SoC 的可靠性进行评估。

根据α粒子实验结果，SoC 软错误包含 SoC 实验所有的软错误类型，根据 SoC 系统结构和测试原理，通过自顶向下的方法将 SoC 软错误分成 PS 软错误和 PL 软错误逐层进行分析，建立如图 7-3 所示的 Xilinx Zynq-7000 SoC 软错误故障树。

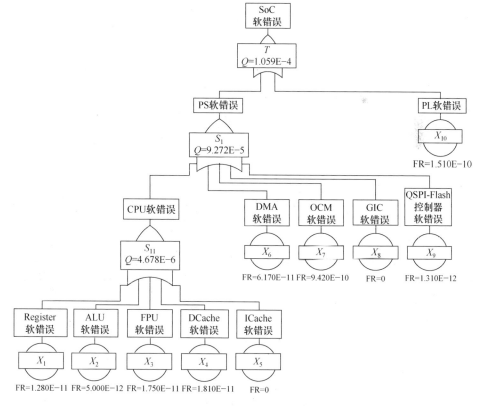

图 7-3　Xilinx Zynq-7000 SoC 软错误故障树

Q-不可用度

1. 定性分析

定性分析主要是求系统的最小割集。所谓的最小割集就是导致系统顶事件发生所需的最少底事件组合，即最小割集中去掉任意的一个底事件，顶事件都不会发生。每一个最小割集都是系统的一种故障模式，也是一个基本原因组合。定性分析分为上行法和下行法。此处采用上行法进行求解，表 7-1 为 Xilinx Zynq-7000 SoC 事件树列表。

表 7-1　Xilinx Zynq-7000 SoC 事件树列表

代号	含义	事件类型
T	SoC 软错误故障	顶事件
S_1	PS 软错误故障	中间事件
S_{11}	CPU 核软错误	中间事件
X_1	Register 软错误	底事件
X_2	ALU 软错误	底事件
X_3	FPU 软错误	底事件
X_4	DCache 软错误	底事件
X_5	ICache 软错误	底事件
X_6	DMA 软错误	底事件
X_7	OCM 软错误	底事件
X_8	GIC 软错误	底事件
X_9	QSPI-Flash 控制器软错误	底事件
X_{10}	PL 软错误	底事件

1) 上行法求解最小割集

从故障树的底事件开始，自下而上逐层地进行事件布尔运算，其中"或门"采用布尔和代替，"与门"采用布尔积代替。参考图 7-3，SoC 软错误故障树最小割集求解如下。

$$S_{11} = X_1 + X_2 + X_3 + X_4 + X_5$$
$$S_1 = S_{11} + X_6 + X_7 + X_8 + X_9$$
$$T = S_1 + X_{10}$$
$$T = X_1 + X_2 + X_3 + X_4 + X_5 + X_6 + X_7 + X_8 + X_9 + X_{10}$$

因此，SoC 软错误的故障树的最小割集为 $\{X_1\}$、$\{X_2\}$、$\cdots$、$\{X_{10}\}$，即每一个基本模块都是 SoC 的最小割集。这是由系统的基本结构和功能决定的，SoC 系统执行特定功能是通过流水线作业来完成的，每个功能模块都是单独参与的，这几个过程分别需要不同的功能模块参与，若其中有一个环节出现错误都可能导致系统失效。对于采用冗余措施的 SoC 系统，当冗余模块都失效时，才可以导致系统失效，因此需采用与门连接底事件。

2) 低阶最小割集出现的底事件更重要

阶数低的最小割集比阶数高的最小割集重要，因此图 7-3 所示的软错误故障树中，最小割集 $\{X_{10}\}$ 比 $\{X_6\}$、$\{X_7\}$、$\{X_8\}$ 和 $\{X_9\}$ 重要，而 $\{X_6\}$、$\{X_7\}$、$\{X_8\}$ 和 $\{X_9\}$ 比 $\{X_1\}$、$\{X_2\}$、$\{X_3\}$、$\{X_4\}$ 和 $\{X_5\}$ 重要。例如，对于 SoC 系统 DMA 故障，OCM 故障所产生的危害有可能要大于 CPU 核内部的其他硬件模块。由于 DMA 在测试过程中，进行存储器内部数据传输，DMA 出错，很容易造成数据大量出错，影响系统正常运行。同样，OCM 出现故障，系统程序不能顺利进行加载，测试也无法展开。存储器控制器出现故障，则会导致系统加载存储数据指令出现错误，或者无法完成数据和指令的传输与存储。

2. 定量分析

定量分析主要用于计算顶事件发生的故障率、不可用度和 MTTF。采用式 (7-1) 和式 (7-2) 可以分别计算与门和或门结构下顶事件的发生概率[163]。

$$P(T) = P(x_1 \cap x_2 \cap \cdots \cap x_n) = \prod_{i=1}^{n} P(x_i) \tag{7-1}$$

$$P(T) = P(x_1 \cup x_2 \cup \cdots \cup x_n) = 1 - \prod_{i=1}^{n} P(x_i) \tag{7-2}$$

式中，$P(T)$ 为顶事件发生概率；x_i 为底事件；$P(x_i)$ 为底事件发生概率。

本章中讨论的定量分析主要是结合式 (7-2) 计算 Xilinx Zynq-7000 SoC 系统故障率和 MTTF。

1) 底事件故障率计算

根据 2.3 节各模块 FIT 的计算结果，可以得出 Xilinx Zynq-7000 SoC 软错误故障树各底事件的故障率计算结果，见表 7-2。

表 7-2　Xilinx Zynq-7000 SoC 软错误故障树各底事件故障率

模块名称	故障率/h^{-1}
PL	1.51×10^{-10}
Register	1.28×10^{-11}
DCache	1.81×10^{-11}
DMA	6.17×10^{-11}
OCM	9.42×10^{-10}

续表

模块名称	故障率/h^{-1}
ALU	5.00×10^{-12}
FPU	1.75×10^{-11}
QSPI-Flash 控制器	1.31×10^{-12}

2) 不可用度计算

采用指数模型，以故障率和修复率为参数，计算器件的不可用度[164]：

$$Q(t) = \frac{\lambda}{\lambda + \mu}\left[1 - \mathrm{e}^{-(\lambda+\mu)t}\right] \tag{7-3}$$

式中，$Q(t)$ 为器件的不可用度；λ 为器件故障率；μ 为修复率；t 为器件工作时间。对于不可修复器件，将器件的修复率 $\mu = 0$ 代入式(7-3)，可得不可修复器件不可用度计算公式为

$$Q(t) = 1 - \mathrm{e}^{-\lambda t}$$

对于器件故障频率可采用式(7-4)进行计算：

$$\omega(t) = \lambda\left[1 - Q(t)\right] \tag{7-4}$$

式中，$\omega(t)$ 为器件的故障频率；λ 为器件故障率；t 为器件工作时间。因此，当 $Q(t) \ll 1$ 时，$\omega = \lambda$，即器件的故障频率等于其故障率。

根据建立的 Xilinx Zynq-7000 SoC 软错误故障树，用式(7-5)求解系统不可用度：

$$Q(T) = 1 - \prod_{i=1}^{n}\left(1 - Q_i\right) \tag{7-5}$$

式中，$Q(T)$ 为系统不可用度；Q_i 为模块不可用度。这里采用工作时间 $t = 87600\text{h}$(约10年)，经过计算，Xilinx Zynq-7000 SoC 系统、子系统和基本模块的故障频率、不可用度和 MTTF 见表 7-3。

表 7-3　**Xilinx Zynq-7000 SoC 系统、子系统和基本模块的故障频率、不可用度和 MTTF**

模块名称	故障频率/h^{-1}	不可用度	MTTF/h
SoC	1.209×10^{-9}	1.059×10^{-4}	8.263×10^{8}
PS	1.058×10^{-9}	9.272×10^{-5}	9.441×10^{8}
CPU	5.340×10^{-11}	4.678×10^{-6}	1.871×10^{10}
PL	1.510×10^{-10}	1.323×10^{-5}	6.623×10^{9}
Register	1.280×10^{-11}	1.121×10^{-6}	7.812×10^{10}

续表

模块名称	故障频率/h^{-1}	不可用度	MTTF/h
DCache	1.810×10^{-11}	1.586×10^{-6}	5.525×10^{10}
DMA	6.170×10^{-11}	5.405×10^{-6}	1.621×10^{10}
OCM	9.420×10^{-10}	8.252×10^{-5}	1.062×10^{9}
ALU	5.000×10^{-12}	4.380×10^{-7}	2.000×10^{11}
FPU	1.750×10^{-11}	1.533×10^{-6}	5.714×10^{10}
QSPI-Flash 控制器	1.310×10^{-12}	1.148×10^{-7}	7.634×10^{11}

根据表 7-3 计算结果，PS 的故障频率和不可用度大于 PL 模块，说明 PS 比 PL 对软错误更加敏感，容易导致系统失效。进一步对 PS 内部各模块进行比较发现，OCM 的故障频率和不可用度最大，并且大于 PL，其次为 DMA、CPU 和 QSPI-Flash 控制器，说明 OCM 是系统内最为敏感的单元，最容易遭受单粒子效应。在 CPU 内部，DCache 的故障频率和不可用度最大，其次是 FPU、Register 和 ALU，说明 DCache 是 CPU 内部最敏感单元。通过各种比较可以得出系统和子系统内部的最敏感单元，在采取抗辐射加固措施时，这些模块是首要考虑的对象，同时结果也表明，基于 SRAM 结构的存储器模块在系统中容易产生软错误，如 OCM、PL 和 DCache。

7.1.4 SoC 软错误事件树分析

ETA 允许用户根据不同的事故原因找出事件后果，一个 ETA 由一个触发事件(初因事件)和一系列可能事件(中间事件)组成，初因事件的不同组合将导致不同的结果。初因事件必须首先发生，并且需要设置此故障发生的概率。初因事件发生后，中间事件必须发生并需要赋予不可用度值。构造 SoC 系统事件树，首先选择影响系统最为严重的故障类型并且确定初因事件。本小节主要以 OCM 出现 SEU 为初因事件，针对多个测试程序运行过程中不同功能模块出现 SEFI 进行事件树分析。

1. ALU 测试

在 ALU 测试过程中，OCM 出现 SEU 为初因事件，不同硬件模块 SEFI 为中间事件，建立如图 7-4 所示的 ALU 测试事件树，并求解不同故障序列的故障频率 ALU 事件树故障序列计算结果见表 7-4。由图 7-4 可知，总共有 3 个故障序列，其中故障序列 1 表示 OCM 出现 SEU，Register 和 ALU 模块正常下，SoC 产生数据错误；故障序列 2 表示 OCM 出现 SEU，Register 模块正常，而 ALU 模块出现 SEFI，导致 SoC 产生功能中断；故障序列 3 表示 OCM 出现 SEU，Register 模块出现 SEFI，导致 SoC 出现功能中断。

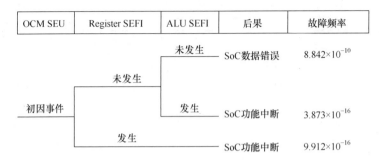

图 7-4　ALU 测试事件树

表 7-4　ALU 事件树故障序列计算结果

序号	故障序列	故障频率/h^{-1}	后果
1	OCM·$\overline{\text{Register}}$·$\overline{\text{ALU}}$	8.842×10^{-10}	SoC 数据错误
2	OCM·$\overline{\text{Register}}$·ALU	3.873×10^{-16}	SoC 功能中断
3	OCM·Register	9.912×10^{-16}	SoC 功能中断

2. DCache 测试

DCache 测试过程中，OCM 出现 SEU 为初因事件，不同硬件模块 SEFI 为中间事件，建立如图 7-5 所示的 DCache 测试事件树，并求解不同故障序列的故障频率，DCache 事件树故障序列计算结果见表 7-5。由图 7-5 可知，总共有 4 个故障序列，其中故障序列 1 表示 OCM 出现 SEU，Register、ALU 和 DCache 模块正常下，SoC 产生数据错误；故障序列 2 表示 OCM 出现 SEU，Register 和 ALU 模块正常，而 DCache 模块出现 SEFI，导致 SoC 产生功能中断；故障序列 3 表示 OCM 出现 SEU，Register 模块正常，而 ALU 模块出现软错误，导致 SoC 出现功能中断；故障序列 4 表示 OCM 出现 SEU，Register 模块出现软错误，导致 SoC 出现功能中断。

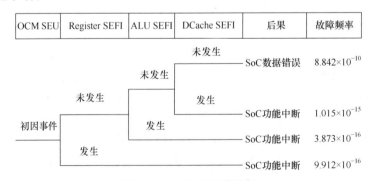

图 7-5　DCache 测试事件树

表 7-5　DCache 事件树故障序列计算结果

序号	故障序列	故障频率/h^{-1}	后果
1	OCM·$\overline{\text{Register}}$·$\overline{\text{ALU}}$·$\overline{\text{DCache}}$	8.842×10^{-10}	SoC 数据错误
2	OCM·$\overline{\text{Register}}$·$\overline{\text{ALU}}$·DCache	1.015×10^{-15}	SoC 功能中断
3	OCM·$\overline{\text{Register}}$·ALU	3.873×10^{-16}	SoC 功能中断
4	OCM·Register	9.912×10^{-16}	SoC 功能中断

3. FPU 测试

FPU 测试过程中，OCM 出现 SEU 为初因事件，不同硬件模块 SEFI 为中间事件，建立如图 7-6 所示的 FPU 测试事件树，并求解不同故障序列的故障频率，FPU 事件树故障序列计算结果见表 7-6。由图 7-6 可知，总共有 4 个故障序列，其中故障序列 1 表示 OCM 出现 SEU，Register、ALU 和 FPU 模块正常下，SoC 产生数据错误；故障序列 2 表示 OCM 出现 SEU，Register 和 ALU 模块正常，而 FPU 模块出现软错误，导致 SoC 产生功能中断；故障序列 3 表示 OCM 出现 SEU，Register 模块正常，而 ALU 模块出现 SEFI，导致 SoC 出现功能中断；故障序列 4 表示 OCM 出现 SEU，Register 模块出现 SEFI，导致 SoC 出现功能中断。

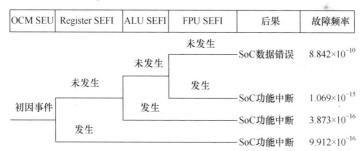

图 7-6　FPU 测试事件树

表 7-6　FPU 事件树故障序列计算结果

序号	故障序列	故障频率/h^{-1}	后果
1	OCM·$\overline{\text{Register}}$·$\overline{\text{ALU}}$·$\overline{\text{FPU}}$	8.842×10^{-10}	SoC 数据错误
2	OCM·$\overline{\text{Register}}$·$\overline{\text{ALU}}$·FPU	1.069×10^{-15}	SoC 功能中断
3	OCM·$\overline{\text{Register}}$·ALU	3.873×10^{-16}	SoC 功能中断
4	OCM·Register	9.912×10^{-16}	SoC 功能中断

4. DMA 测试

DMA 测试过程中，OCM 出现 SEU 为初因事件，不同硬件模块 SEFI 为中间事件，建立如图 7-7 所示的 DMA 测试事件树，并求解不同故障序列的故障频率，DMA 事件树故障序列计算结果见表 7-7。由图 7-7 可知，总共有 4 个故障序列，其中故障序列 1 表示 OCM 出现 SEU，Register、ALU 和 DMA 模块正常下，SoC 产生数据错误；故障序列 2 表示 OCM 出现 SEU，Register 和 ALU 模块正常，而 DMA 模块出现 SEFI，导致 SoC 产生功能中断；故障序列 3 表示 OCM 出现 SEU，Register 模块正常，而 ALU 模块出现软错误，导致 SoC 出现功能中断；故障序列 4 表示 OCM 出现 SEU，Register 模块出现 SEFI，导致 SoC 出现功能中断。

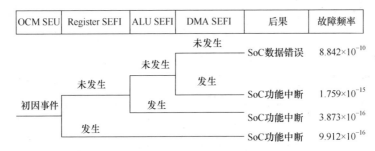

图 7-7　DMA 测试事件树

表 7-7　DMA 事件树故障序列计算结果

序号	故障序列	故障频率/h⁻¹	后果
1	OCM·$\overline{Register}$·$\overline{ALU}$·$\overline{DMA}$	8.842×10^{-10}	SoC 数据错误
2	OCM·$\overline{Register}$·$\overline{ALU}$·DMA	1.759×10^{-15}	SoC 功能中断
3	OCM·$\overline{Register}$·ALU	3.873×10^{-16}	SoC 功能中断
4	OCM·Register	9.912×10^{-16}	SoC 功能中断

5. PL 测试

PL 测试过程中，OCM 出现 SEU 为初因事件，不同硬件模块 SEFI 为中间事件，建立如图 7-8 所示的 PL 测试事件树，并求解不同故障序列的故障频率，PL 事件树故障序列计算结果见表 7-8。由图 7-8 可知，总共有 4 个故障序列，其中故障序列 1 表示 OCM 出现 SEU，Register、ALU 和 PL 模块正常下，SoC 产生数据错误；故障序列 2 表示 OCM 出现 SEU，Register 和 ALU 模块正常，而 PL 模块出现 SEFI，导致 SoC 产生功能中断；故障序列 3 表示 OCM 出现 SEU，Register 模块正常，而 ALU 模块出现 SEFI，导致 SoC 出现功能中断；故障序列 4 表示

OCM 出现 SEU，Register 模块出现 SEFI，导致 SoC 出现功能中断。

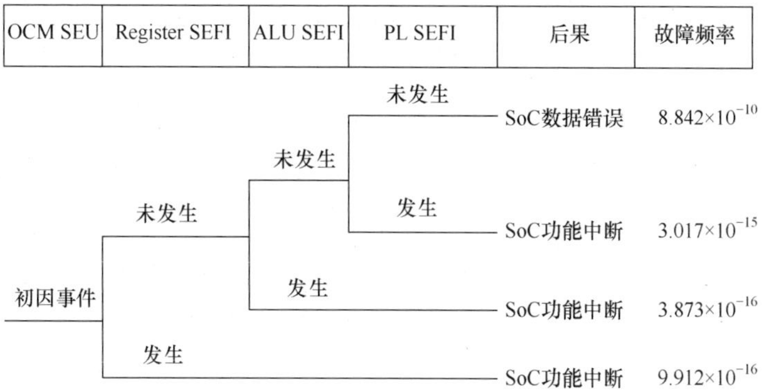

图 7-8　PL 测试事件树

表 7-8　PL 事件树故障序列计算结果

序号	故障序列	故障频率/h^{-1}	后果
1	OCM·$\overline{Register}$·$\overline{ALU}$·$\overline{PL}$	8.842×10^{-10}	SoC 数据错误
2	OCM·$\overline{Register}$·$\overline{ALU}$·PL	3.017×10^{-15}	SoC 功能中断
3	OCM·$\overline{Register}$·ALU	3.873×10^{-16}	SoC 功能中断
4	OCM·Register	9.912×10^{-16}	SoC 功能中断

　　通过建立 SoC 事件树，分析不同测试程序下，OCM SEU 导致系统内不同硬件单元产生 SEFI 对系统的影响，分别计算不同故障序列的故障频率。计算结果表明，SoC 系统运行不同程序时调用的硬件资源不同，构造的事件树也有所差别，因此不同故障序列的计算结果有所差异。通过事件树分析可以计算不同故障序列的故障发生频率，从而确定最严重的故障序列，有助于采取措施及时阻断故障序列发生。例如，在 PL 测试过程中，造成 SoC 系统产生 SEFI 的故障序列有 OCM·$\overline{Register}$·$\overline{ALU}$·PL 、OCM·$\overline{Register}$·ALU 和 OCM·Register ，计算结果表明 OCM·$\overline{Register}$·$\overline{ALU}$·PL 序列发生的故障频率要高于其他序列，因此可以确定该故障序列为最危险故障序列，系统设计时应避免该序列出现，即保证 PL 不产生 SEFI 故障。通过建立事件树，可以分析不同应用程序下，系统不同结果的产生概率或发生频率。例如，DMA 测试程序事件树，不同序列造成的 SEFI 累积发生的频率为 3.137×10^{-15}h^{-1}，因此通过事件树分析可以确定最严重的系统故障和不同类型故障的发生频率。

7.2　应用 FMEA 方法评估 SoC 软错误

FMEA 方法在航天工业与核电科技等行业有着广泛的应用。FMEA 方法是运用归纳的方法分析系统中可能存在的每一种故障模式及其产生的后果和对系统造成危害的程度[165-167]。通过全面分析系统，找出系统中存在的薄弱环节和影响系统最严重的故障模式，有助于系统设计和指导防护加固措施。应用 FMEA 方法评估 SoC 软错误，有助于判断对系统危害程度最大的功能模块和故障模式，指导 SoC 的抗辐射加固设计。

7.2.1　SoC 软错误可靠性评估

本小节对 SoC 软错误可靠性评估主要用于评估 Xilinx Zynq-7000 SoC 封装材料中的铀、钍元素衰变产生的 α 粒子对系统可靠性的影响程度。根据 α 粒子加速实验的结果得出每个模块的故障率为[168]

$$\mathrm{SFR}\_C(i) = \mathrm{FR}\_C(i) \times P(i, \mathrm{SF}) \tag{7-6}$$

式中，$\mathrm{SFR}\_C(i)$ 为第 i 个模块故障导致 SoC 故障的故障率；$\mathrm{FR}\_C(i)$ 为第 i 个模块的故障率；$P(i, \mathrm{SF})$ 为第 i 个模块出现故障导致 SoC 故障的概率。根据 Xilinx Zynq-7000 SoC α 粒子单粒子效应测试结果，结合表 7-2 提供的各模块故障率数据，求解 Xilinx Zynq-7000 SoC 各模块的 SFR，结果见表 7-9。

表 7-9　Xilinx Zynq-7000 SoC 各模块的 SFR

模块编号	模块名称	故障率/h^{-1}	SFR_$C(i)$/h^{-1}
1	PL	1.510×10^{-10}	1.510×10^{-10}
2	Register	1.280×10^{-11}	7.812×10^{-11}
3	DCache	1.810×10^{-11}	5.525×10^{-11}
4	DMA	6.170×10^{-11}	1.621×10^{-11}
5	OCM	9.420×10^{-10}	1.062×10^{-10}
6	ALU	5.000×10^{-12}	2.000×10^{-12}
7	FPU	1.750×10^{-11}	5.714×10^{-11}
8	QSPI-Flash 控制器	1.310×10^{-12}	7.634×10^{-12}

SoC 故障率等于各模块导致 SoC 故障的故障率之和，采用式(7-7)计算：

$$SFR = \sum_{i=1}^{n} SFR\_C(i)，1 \leqslant i \leqslant n \tag{7-7}$$

式中，SFR 为 SoC 故障率；SFR_C(i)为第 i 个模块故障导致 SoC 故障的故障率；n 为 SoC 内部功能模块的数量。经过计算，$SFR = \sum_{i=1}^{7} SFR\_C(i) = 1.209 \times 10^{-9} h^{-1}$，与表 7-3 故障树分析法给出的计算结果一致。

对于 SoC 不可靠度的计算可采用式(7-8)，这里采用与故障树计算相同的时间 $t = 87600h$。

$$F(t) = 1 - e^{-SFR \times t} \tag{7-8}$$

式中，F(t)为 SoC 不可靠度；SFR 为 SoC 故障率；t 为工作时间。经过计算由封装材料中α粒子所导致的 Xilinx Zynq-7000 SoC 不可靠度为 $F = 1 - e^{-1.209 \times 10^{-9} \times 8.76 \times 10^{4}} = 1.059 \times 10^{-4}$。计算结果同样与表 7-3 所示故障树分析法计算结果一致，说明使用以上方法能够对 SoC 的可靠性进行评估和计算，同时也说明 SoC 封装材料所产生的α粒子造成的软错误对系统的影响不大。

7.2.2　SoC 风险评估

SoC 风险评估又称危害度分析，用于判断一种故障模式对系统造成危害的严重程度，主要目的是找出对系统危害最大的故障模式，其中风险优先数(risk priority number，RPN)计算是危害度分析的常用方法。RPN 主要与故障模式出现的概率和对系统的损害程度相关，通常根据故障模式对系统影响的程度，将损害程度(又称严酷度)分为四类，即灾难的、致命的、临界的和轻度的。因此，已知模块故障率、故障模式的严酷度和故障模式发生的概率，可以计算不同模块或者故障模式的风险优先数[168-169]。

1. 敏感模块风险等级评估

敏感模块风险等级评估主要用于判定系统内不同模块对系统安全影响的大小，通过计算不同模块的风险优先数，确定对系统危害最为严重的模块，并采取一定措施降低该模块对系统的影响，因此采用风险等级评估也可以给出被分析模块的保护优先级。例如，风险优先数越大说明该模块对系统造成的危害越严重，应该进行重点保护。计算 SoC 不同模块风险优先数为

$$RPN\_C(i) = FR\_C(i) \times \sum_{k=1}^{z} P\left[i, FM(k)\right] \times S\_FM(k), \quad 1 \leqslant k \leqslant z \tag{7-9}$$

式中，$RPN\_C(i)$ 为模块 i 的风险优先数；$FR\_C(i)$ 为模块 i 的故障率；$P\left[i, FM(k)\right]$ 为模块 i 发生故障导致第 k 个故障模式产生的概率；$S\_FM(k)$ 为第 k 个故障模式的严酷度；z 为 SoC 的故障模式数。

根据 Xilinx Zynq-7000 SoC α 粒子单粒子效应实验结果，实验总共观测到四种故障模式，分别为 TO、DE、PI 和 SH，即 $z = 4$，因此 {FM(1)，FM(2)，FM(3)，FM(4)}={TO，DE，PI，SH}。根据四种故障模式对系统造成的危害可得，四种故障模式的严酷度分别为 {$S\_FM(1) = 4$，$S\_FM(2) = 6$，$S\_FM(3) = 8$，$S\_FM(4) = 10$}。采用式(7-9)计算不同模块的风险优先数如下所示：

$$RPN\_C(1) = 1.510 \times 10^{-10} \times [(0.75 \times 6) + (0.15 \times 8) + (0.1 \times 10)] = 1.012 \times 10^{-9}$$

$$RPN\_C(2) = 1.280 \times 10^{-11} \times (1 \times 8) = 1.024 \times 10^{-10}$$

$$RPN\_C(3) = 1.810 \times 10^{-11} \times [(0.278 \times 6) + (0.722 \times 8)] = 1.347 \times 10^{-10}$$

$$RPN\_C(4) = 6.170 \times 10^{-11} \times [(0.316 \times 4) + (0.316 \times 6) + (0.368 \times 8)] = 3.766 \times 10^{-10}$$

$$RPN\_C(5) = 9.420 \times 10^{-10} \times [(0.935 \times 6) + (0.0645 \times 8)] = 5.771 \times 10^{-9}$$

$$RPN\_C(6) = 5.000 \times 10^{-12} \times (1 \times 8) = 4 \times 10^{-11}$$

$$RPN\_C(7) = 1.750 \times 10^{-11} \times [(0.214 \times 6) + (0.786 \times 8)] = 1.325 \times 10^{-10}$$

$$RPN\_C(8) = 1.310 \times 10^{-12} \times (1 \times 6) = 7.86 \times 10^{-12}$$

根据 RPN 计算结果，比较 SoC 各模块的风险优先数，如图 7-9 所示，由此可以得 $RPN\_C(5) > RPN\_C(1) > RPN\_C(4) > RPN\_C(3) > RPN\_C(7) > RPN\_C(2) > RPN\_C(6) > RPN\_C(8)$。因此，$C(5)$ 模块的风险优先数最高，对系统的影响和危害最大，即 OCM 模块，而 $C(8)$ 模块的风险优先数最低，对系统的危害最小，即 QSPI-Flash 控制器模块。

2. 故障模式风险等级评估

故障模式风险等级评估主要用于判定不同故障模式对系统危害程度的大小，不同故障模式在不同模块发生的概率不同，导致系统失效的故障率不同，并且对系统的影响不同，因此采用故障模式风险等级可以综合评估每一种故障模式对系统安全的影响程度，通过计算不同故障模式的风险优先数，可以判定对系统危害程度最大的故障模式和主要的故障模式。采用式(7-10)可以计算不同故障模式风险优先数：

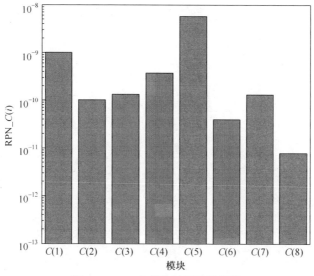

图 7-9　SoC 各模块的风险优先数

$$\mathrm{RPN\_FM}(k) = S\_\mathrm{FM}(k) \times \sum_{i=1}^{n} \mathrm{FR\_}C(i) \times P\big[i,\mathrm{FM}(k)\big],\ 1 \leqslant i \leqslant n \qquad (7\text{-}10)$$

式中，$\mathrm{RPN\_FM}(k)$ 为第 k 个故障模式风险等级；$S\_\mathrm{FM}(k)$ 为第 k 个故障模式严酷度；$\mathrm{FR\_}C(i)$ 为第 i 个模块故障率；$P[i，\mathrm{FM}(k)]$ 为模块 i 发生故障导致第 k 个故障模式的概率；n 为 SoC 内部模块数量。不同故障模式风险优先数计算结果如下：

$$\mathrm{RPN\_FM}(1) = 4 \times (6.170 \times 10^{-11} \times 0.316) = 7.799 \times 10^{-11}$$

$$\begin{aligned}
\mathrm{RPN\_FM}(2) = 6 \times \Big[&(1.510 \times 10^{-10} \times 0.75) \\
&+ (1.810 \times 10^{-11} \times 0.278) + (6.170 \times 10^{-11} \times 0.316) \\
&+ (9.420 \times 10^{-10} \times 0.935) + (1.750 \times 10^{-11} \times 0.214) \\
&+ (1.310 \times 10^{-12} \times 1) \Big] = 6.144 \times 10^{-9}
\end{aligned}$$

$$\begin{aligned}
\mathrm{RPN\_FM}(3) = 8 \times \big[&(1.510 \times 10^{-10} \times 0.15) + (1.280 \times 10^{-11} \times 1) \\
&+ (1.810 \times 10^{-11} \times 0.722) + (6.170 \times 10^{-11} \times 0.368) \\
&+ (9.420 \times 10^{-10} \times 0.0645) + (5.000 \times 10^{-12} \times 1) \\
&+ (1.750 \times 10^{-11} \times 0.786) \big] = 1.206 \times 10^{-9}
\end{aligned}$$

$$\mathrm{RPN\_FM}(4) = 10 \times (1.510 \times 10^{-10} \times 0.10) = 1.510 \times 10^{-10}$$

　　根据计算结果，比较 SoC 不同故障模式的风险等级，如图 7-10 所示，由此可以得出 RPN_FM(2)> RPN_FM(4)> RPN_FM(3)>RPN_FM(1)。因此，由 SEU 导

致的数据错误是对系统危害最大的错误类型，应该采取加固措施阻止或消除 SEU
对系统产生的影响。

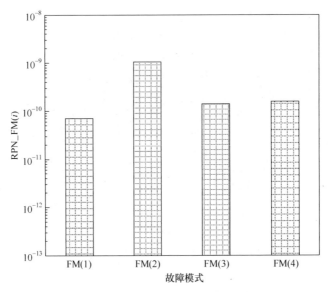

图 7-10　SoC 不同故障模式的风险等级

　　通过比较 SoC 不同模块的风险等级和不同故障模式的风险等级，可以对 SoC
系统的敏感模块和薄弱环节进行更加深入的分析，得出对系统安全影响最大、危
害最大的故障模块和故障模式。例如，对于 Xilinx Zynq-7000 SoC，OCM 是对系
统危害最大、风险最高的内部模块；数据错误是系统最严重、影响最大的故障模
式。因此，通过 SoC 风险等级分析，有助于指导系统的抗辐射加固设计，加固最
重要的危险模块和故障类型。

7.3　本 章 小 结

　　本章采用了三种分析方法对 SoC 软错误从不同的角度进行评估，包括故障树
分析法、事件树分析法和故障模式与效应分析方法。故障树分析法是通过建立
Xilinx Zynq-7000 SoC 软错误故障树，定性和定量分析系统的敏感模块，计算 SoC
系统、子系统和不同模块的故障频率、不可用度和 MTTF，对系统的软错误可靠
性进行评估。计算结果表明，工作时间为 87600h，系统封装材料所产生的α粒子
造成系统失效的故障频率为 $1.209×10^{-9}h^{-1}$，系统的不可用度为 $1.059×10^{-4}$，MTTF
为 $8.263×10^{8}h$。事件树分析法是通过建立多个测试程序在 OCM 出现 SEU 导致系

统失效的事件树，确定系统不同故障序列的故障频率，计算结果可以确定导致系统失效最为严重的故障序列和不同结果发生的故障频率。采用 FEMA 分析方法计算 SoC 软错误故障率和系统不可靠度，计算结果与故障树分析法定量计算的结果一致。此外，通过计算不同模块的风险优先数和故障模式风险优先数，确定了对系统安全影响最为严重的故障模块为 OCM，风险等级最高的故障模式为数据错误。因此，采用 FEMA 方法可以给出系统防护的优先级，即 OCM 是 Xilinx Zynq-7000 SoC 首先采取抗辐射加固措施的模块。

第8章　基于贝叶斯网络的SoC单粒子效应故障诊断

贝叶斯网络是一种基于概率论和图论进行因果关系推理的有效方法，是解决复杂系统不确定问题和数据分析的有效工具。采用贝叶斯网络方法进行系统故障诊断和可靠性评估，已经成功地应用于人工智能、统计决策和故障诊断专家系统(expert system)等多个领域。因此，本章主要采用贝叶斯网络方法进行SoC单粒子效应故障诊断。该方法能够克服故障树和事件树分析法的局限性，以概率推理的方式获得更多的系统失效信息。

8.1　贝叶斯网络方法

8.1.1　贝叶斯网络理论基础

贝叶斯网络是利用有向无环图(directed acycline graph, DAG)构建复杂系统因果关系网络模型，采用以贝叶斯定理为基础的概率论知识进行数据分析计算和推理的一种方法[170]。

贝叶斯网络是一种基于DAG的数学模型，首先应该了解它的表现形式和理论基础。贝叶斯网络包含节点和有向边，节点可以是系统中某个单元部件，也可以是某个变量或参数。总之，利于构建模型和系统分析的每一个环节都可以。节点分为父节点与子节点，父节点是导致某种后果产生的原因，而子节点就是该后果，可以形象地理解为父节点是故障发展序列中的上一个环节，子节点为下一个环节[171-172]。所谓的有向边就是从父节点指向子节点的带有单箭头的有向弧，它反映了两个节点之间的依赖关系。图8-1所示为贝叶斯网络示意图。节点E_1是节点X_1的父节点，是节点Y的子节点；节点E_2是节点X_2和节点X_3的父节点，是节点Y的子节点。没有父节点的节点称为根节点，而没有子节点的节点称为叶节点。

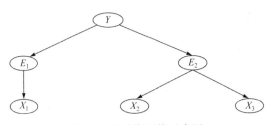

图 8-1　贝叶斯网络示意图

贝叶斯定理是贝叶斯网络的理论基础,为了理解贝叶斯网络的数学推理方法,应该了解贝叶斯定理和相关的概率论知识。贝叶斯定理又称为条件概率公式,如式(8-1)所示:

$$P(A\,|\,B)=\frac{P(AB)}{P(B)}=P(A)\times\frac{P(B\,|\,A)}{P(B)} \tag{8-1}$$

式中,$P(A|B)$ 为事件 B 发生的情况下事件 A 发生的条件概率,也称后验概率;$P(AB)$ 为事件 A 和 B 的联合概率;$P(B)$ 为事件 B 发生的概率;$P(A)$ 为事件 A 发生的概率,也称先验概率;$P(B|A)$ 为事件 A 发生的情况下事件 B 发生的条件概率。

对于一个包含有 N 个节点的贝叶斯网络可以采用式(8-2)表示:

$$N=\langle\langle V,E\rangle,P\rangle \tag{8-2}$$

式中,$\langle V,E\rangle$ 为一个具有 N 个节点的有向无环图;P 为集合 V 中与每个节点相关的条件概率分布表(conditional probability table,CPT);$V=\{X_1,X_2,\cdots,X_n\}$ 代表 N 个离散随机变量的集合,即节点变量的集合;E 表示为节点之间的因果关系[173]。

基于条件独立性假设,即贝叶斯网络内每个节点 X_i 独立于 X_i 的父节点下的非 X_i 节点和其任意非后代节点的子集。基于链式法则[174],随机变量 V 的联合概率分布如式(8-3)所示:

$$P[X_1,X_2,\cdots,X_n]=\prod_{i=1}^{n}P[X_i\,|\,\mathrm{Pa}(X_i)] \tag{8-3}$$

式中,$P[X_1,X_2,\cdots,X_n]$ 为所有节点的联合概率分布;$P[X_i|\mathrm{Pa}(X_i)]$ 为节点 X_i 的条件概率表;$\mathrm{Pa}(X_i)$ 为 X_i 的父节点概率。结合图 8-1,可以得出图中的所有节点的联合概率分布为 $P[Y,E_1,E_2,X_1,X_2,X_3]=P(X_1|E_1)\cdot P(X_2|E_2)\cdot P(X_3|E_2)\cdot P(E_1|Y)\cdot P(E_2|Y)\cdot P(Y)$。

求解贝叶斯网络节点的联合概率分布是进行概率计算的基础,由联合概率分布公式可以计算任一节点的边缘概率,从而利用式(8-1)可以求得任一节点的后验概率。对于任一节点 X_i 的边缘概率,用式(8-4)计算:

$$P(X_i)=\sum_{(X_1,X_2,\cdots,X_{i-1},X_{i+1},\cdots,X_n)}P[X_1,X_2,\cdots,X_n] \tag{8-4}$$

式中,$P(X_i)$ 为节点 X_i 的边缘概率;$P[X_1,X_2,X_3,\cdots,X_n]$ 为所有节点的联合概率分布。

8.1.2　贝叶斯网络推理

构建复杂系统的贝叶斯网络,可用于系统故障的预测与诊断,也就是通过双向推理的方式,计算元件故障时系统及各节点的故障概率和系统故障时各元件故障的概率[175-179]。双向推理包括因果推理和诊断推理。所谓的因果推理也称正向推理，即由元件故障推理系统故障。例如，已知系统内各元件的故障率可进行系统故障率的计算，用于系统故障的预测和系统可靠性计算。诊断推理也称逆向推理，即已知各元件的先验概率和条件概率表，推理诱发系统出现故障的可能原因。通常通过计算系统发生故障时不同元件的后验概率，诊断出系统的敏感模块、薄弱环节和不同元件对系统故障的影响。此外，采用贝叶斯网络方法可以计算系统内多个元件同时发生故障时系统故障的概率，可用于多种不同元件组合故障时系统故障率的预测。

构建好的贝叶斯网络需要按照不同的推理方法进行计算，而根据计算精度不同，可分为精确推理方法和近似推理方法[180]。所谓的精确推理方法包括消息传递算法、联合树算法、桶消元算法和条件概率法等。近似推理方法的精度不如精确推理方法，但是减少了计算量，在时间上花费较少。常用的近似推理方法包括基于仿真的方法和基于搜索的方法。桶消元算法基于组合优化的方法，能够解决单连通和多连通等复杂的贝叶斯网络系统推理，应用简单而且具有通用性，因此得到了更为广泛的应用。

8.1.3　构建二态贝叶斯网络

二态贝叶斯网络将系统和内部功能模块的状态分为正常和故障两种状态，通常用 $X_i = 1$ 表示发生故障，而 $X_i = 0$ 表示运作正常。复杂的系统构建二态贝叶斯网络的主要方法是根据该领域专家的知识与经验建立相关的贝叶斯网络结构，根据调查与实验的结果给出相关节点的先验概率和条件概率表。使用该方法具有一定的局限性，对于复杂系统，相关的故障事件及经验的积累，对于贝叶斯网络的精确度和结果具有很大的影响，并且难度较大，耗时较长，很难对系统进行深入的故障分析。因此，2001 年 Bobbio 等[173]提出了一种故障树转化贝叶斯网络的方法，该方法不但能够成功地将故障树转化为贝叶斯网络，而且还可以更多地挖掘系统中的有用信息，即采用贝叶斯网络不仅继承了故障树的故障推理和故障状态表述方法，而且在预测和诊断系统故障方面有更广泛地应用。

相比于贝叶斯网络，故障树方法有很多的局限性[181]。例如，故障树采用逻辑门描述事件之间的关系，因此构建系统故障树受限于逻辑门，逻辑门描述了部件之间确定的逻辑关系，而不确定的故障诱因很难通过逻辑门进行描述。故障树方法只能对系统的二态进行描述，即正常与故障，不能对多个状态进行描述。故障树方法首先要定性分析系统的最小割集，最后采用定量的方法进行系统故障率计算，而对于非常复杂的系统，求解最小割集将是一件非常困难的事。如果能够采用一种方法将故障树转化为贝叶斯网络，利用条件独立性假设和贝叶斯网络推理方法，将很容易解决故障树方法的局限性，尤其是在系统故障率计算方面，可以不用求解最小割集得到系统故障率，降低计算的复杂度。此外，对于故障的诊断推理，贝叶斯网络具有故障树分析法不具备的优点。

　　故障树转化为贝叶斯网络的关键在于逻辑门转化和设置相关的条件概率表。故障树常用的逻辑门包括与门、或门、非门和表决门等，图 8-2 所示为故障树逻辑关系的贝叶斯网络表述。由图可知不同逻辑门转化为贝叶斯网络的方法。图中 $A=1$、$B=1$、$C=1$ 和 $T=1$ 表示故障发生，$A=0$、$B=0$、$C=0$、$T=0$ 表示故障未发生。

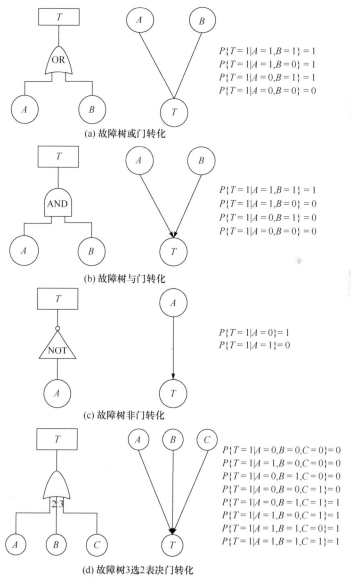

$P\{T=1|A=1,B=1\}=1$
$P\{T=1|A=1,B=0\}=1$
$P\{T=1|A=0,B=1\}=1$
$P\{T=1|A=0,B=0\}=0$

(a) 故障树或门转化

$P\{T=1|A=1,B=1\}=1$
$P\{T=1|A=1,B=0\}=0$
$P\{T=1|A=0,B=1\}=0$
$P\{T=1|A=0,B=0\}=0$

(b) 故障树与门转化

$P\{T=1|A=0\}=1$
$P\{T=1|A=1\}=0$

(c) 故障树非门转化

$P\{T=1|A=0,B=0,C=0\}=0$
$P\{T=1|A=1,B=0,C=0\}=0$
$P\{T=1|A=0,B=1,C=0\}=0$
$P\{T=1|A=0,B=0,C=1\}=0$
$P\{T=1|A=0,B=1,C=1\}=1$
$P\{T=1|A=1,B=0,C=1\}=1$
$P\{T=1|A=1,B=1,C=0\}=1$
$P\{T=1|A=1,B=1,C=1\}=1$

(d) 故障树3选2表决门转化

图 8-2　故障树逻辑关系的贝叶斯网络表述

　　贝叶斯网络包含三个部分，分别为节点、有向弧和条件概率表。因此，完整的故障树转化为贝叶斯网络，也应该是这三个方面的转化，关于逻辑门转化和条件概率表生成已经在前文进行了详细的描述。图 8-3 为故障树转化为贝叶斯网络流程[181-183]。具体步骤如下：

　　(1) 故障树中的底事件转化为贝叶斯网络中的根节点。底事件为导致系统失效的基本事件，可以是元件故障或人为因素。贝叶斯网络的根节点是没有父节点的节点，也就是系统中的最基本单元故障，因此可以将两者进行转化。

　　(2) 故障树中的中间事件转化为贝叶斯网络中的中间节点。中间事件是位于底事件和顶事件之间的事件，可以是系统中的子系统故障或者某个复杂元件故障。中间节点既有父节点又有子节点的节点，有输入也有输出。因此，中间事件可以对应中间节点。

　　(3) 故障树中的顶事件转化为贝叶斯网络中的叶节点。故障树中将人们关心的结果事件作为顶事件，也就是最不希望发生的事件。贝叶斯网络的叶节点是没有子节点的节点，也就是没有输出的节点或最终的节点。因此，可以将顶事件转化为叶节点。

　　(4) 故障树中的逻辑门转化为贝叶斯网络中的条件概率表。故障树中的逻辑门主要用于联系各个事件，表述事件之间逻辑因果关系。贝叶斯网络中条件概率表是以概率计算的方式表明了节点之间的逻辑关系，即某种事件发生的情况下另一事件发生的概率。

　　(5) 故障树中的底事件发生概率转化为贝叶斯网络中的根节点先验概率。既然底事件可以转化为根节点，那么底事件发生的概率，可以转化为根节点的先验概率。

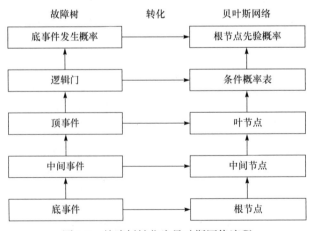

图 8-3　故障树转化为贝叶斯网络流程

8.2　OR1200 SEU 贝叶斯网络构建

本节以 OR1200 系统为研究对象，基于第 6 章仿真故障注入的结果，通过将 OR1200 SEU 故障树转换为 OR1200 SEU 贝叶斯网络，采用贝叶斯网络的推理方法求得系统失效概率及各个基本单元的后验概率，实现对 OR1200 系统的软错误的故障诊断，确定 OR1200 的薄弱环节。

8.2.1　OR1200 SEU 故障树

构建 OR1200 故障树，首先要清楚 OR1200 系统的内部结构以及工作原理，采用自顶向下的方法，将最不希望发生的事件作为顶事件。其次，逐层分解系统，找出导致上层结构出现故障的原因，直至找到不可再分的结构或元件。最终，通过树形的结构将各种事件按照由结果到原因的逻辑方式联系起来。以 OR1200 系统失效为顶事件构建如图 8-4 所示的 OR1200 SEU 软错误故障树，该故障树代表 OR1200 内部模块发生 SEU 时，导致系统失效的因果关系。

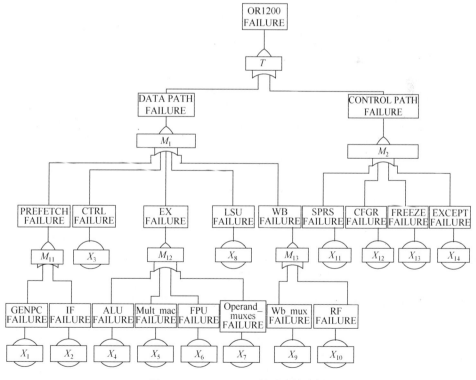

图 8-4　OR1200 SEU 软错误故障树

1. 定性分析求解最小割集

故障树最小割集是确定导致顶事件发生的最基本的底事件组合，用于确定导致系统故障原因可能的组合方式，表 8-1 给出了 OR1200 故障树中各事件的符号、名称及失效概率。

表 8-1　OR1200 故障树中各事件的符号、名称及失效概率

符号	事件名称	失效概率/%
T	OR1200 系统软错误	—
M_1	DATA PATH 软错误	—
M_2	CONTROL PATH 软错误	—
M_{11}	PREFECTCH 软错误	—
M_{12}	EX 软错误	—
M_{13}	WB 软错误	—
X_1	GENPC 软错误	2.01
X_2	IF 软错误	1.20
X_3	CTRL 软错误	1.15
X_4	ALU 软错误	2.91
X_5	Mult_mac 软错误	2.75
X_6	FPU 软错误	0.87
X_7	Operand_muxes 软错误	2.08
X_8	LSU 软错误	1.79
X_9	Wb_mux 软错误	0.65
X_{10}	RF 软错误	3.47
X_{11}	SPRS 软错误	0.87
X_{12}	CFGR 软错误	0
X_{13}	FREEZE 软错误	0.31
X_{14}	EXCEPT 软错误	0.70

采用上行法求解 OR1200 故障树最小割集，如下所示：

$$M_{11} = X_1 + X_2$$
$$M_{12} = X_4 + X_5 + X_6 + X_7$$
$$M_{13} = X_9 + X_{10}$$
$$M_1 = M_{11} + X_3 + M_{12} + X_8 + M_{13}$$

$$M_2 = X_{11} + X_{12} + X_{13} + X_{14}$$
$$T = M_1 + M_2 = X_1 + X_2 + X_3 + X_4 + X_5 + X_6 + X_7$$
$$+ X_8 + X_9 + X_{10} + X_{11} + X_{12} + X_{13} + X_{14}$$

由分析结果可以得出，每一个基本事件都可以构成 OR1200 故障树的最小割集，也就是每一个底事件都可以导致系统失效。阶数越小，最小割集越重要，因此底事件 X_3、X_8、X_{11}、X_{12}、X_{13}、X_{14} 比底事件 X_1、X_2、X_4、X_5、X_6、X_7、X_9、X_{10} 更加重要，更容易导致系统故障。从定性角度可以分析出系统的敏感模块和薄弱环节，但是也存在一个问题，如果系统出现故障，如何得到哪个模块或者哪些模块组合导致系统出现故障的可能性最大？即系统故障的诊断问题，从定性的角度很难给予判断。

2. 定量计算 OR1200 系统失效概率

故障树定量计算主要是根据底事件的失效概率求解顶事件的失效概率，对于或门可采用式(8-5)计算：

$$P(T) = 1 - \prod_{i=1}^{n}(1 - q_i) \tag{8-5}$$

式中，$P(T)$ 为顶事件的发生概率；q_i 为底事件的发生概率。分析 OR1200 故障树，根据表 8-1 提供的底事件失效概率计算的顶事件失效概率 $P(T)$=0.1893。虽然故障树定量分析方法可以计算系统的失效概率，但是很难计算系统失效的情况下内部各个模块出现故障的条件概率。因此，故障树分析法在故障诊断和双向推理方面存在一定的局限性。

8.2.2　OR1200 SEU 贝叶斯网络

把 8.2.1 小节的故障树转化为贝叶斯网络，将图 8-4 所示的 OR1200 SEU 软错误故障树转化为 OR1200 贝叶斯网络。目前，构建贝叶斯网络的软件工具比较多，如 Hugin、Netica、Genie、BNT 和 BayesiaLab 等。BayesiaLab 软件是贝叶斯公司根据统计原理与概率论，结合实际应用所开发的一款软件工具，具有相当强大的图形建模和分析能力，并且操作简便灵活，能够人为构建贝叶斯网络模型和输入条件概率表，通过选择精确算法或近似算法进行系统学习和推理[184]。因此，本小节选择 BayesiaLab 软件构建 OR1200 贝叶斯网络并进行推理。图 8-5 所示为利用 BayesiaLab 软件构建的 OR1200 贝叶斯网络模型。采用贝叶斯网络方法，首先结合式(8-3)计算系统失效概率，其次结合式(8-1)和式(8-4)计算不同底事件的后验概率，确定系统发生故障时各模块的条件概率，从而进行 OR1200 SEU 诊断，确定系统的薄弱环节和敏感模块，最后计算各底事件的重要度。重要度是判断底事件发生变化对系统失效影响大小的重要依据，通过重要度计算，也可以确定影响系统可靠性最大的敏感模块。

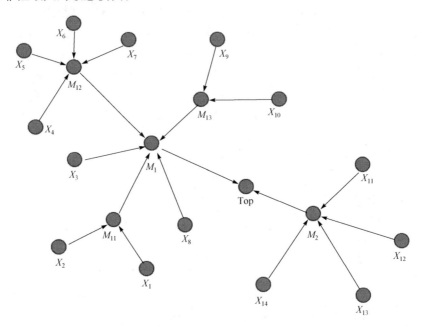

图 8-5 利用 BayesiaLab 软件构建的 OR1200 贝叶斯网络模型

X_i-第 i 个根节点；M_i-第 i 个中间节点；Top -叶节点

1. 系统失效概率计算

故障树中顶事件的发生概率对应着贝叶斯网络叶节点的发生概率，采用故障树方法求解，需要求出最小割集，最终用概率公式计算，复杂系统的求解过程将非常复杂。采用贝叶斯网络方法，故障树中的所有事件可以转化为节点变量，无须求解最小割集，直接采用联合概率分布公式和桶消元算法计算系统失效概率，计算如式(8-6)所示：

$$P(T=1) = \sum_{X_1,\cdots,X_{N-1}} P(X_1 = a_1,\cdots,X_{N-1} = a_{n-1}, T=1) \tag{8-6}$$

式中，X_i 为贝叶斯网络中的根节点和中间节点；$a_i \in \{0,1\}$ 为事件是否发生，1 代表发生，0 代表未发生；T 为贝叶斯网络的叶节点。

对应 OR1200 贝叶斯网络，采用式(8-6)，利用 BayesiaLab 软件，输入根节点先验概率和条件概率表，计算系统的失效概率为 0.1893，$P(T=1)=18.93\%$。图 8-6 所示为 BayesiaLab 软件计算结果，ToP 节点为系统节点。由此可以得出，采用贝叶斯网络方法计算得到的系统失效概率与故障树方法的计算结果相同，但是过程更加简单直接。

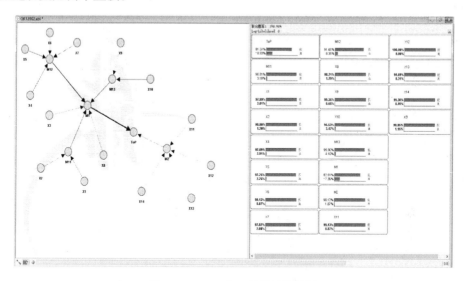

图 8-6　BayesiaLab 软件计算结果

2. 故障诊断推理

诊断推理用于系统发生故障时，确定导致系统故障的原因。因此，可以通过求解系统发生故障时内部模块故障的条件概率,确定系统产生故障最可能的原因,这个条件概率可用于识别系统的薄弱环节和敏感单元,指导系统设计与维修计划。系统发生故障时各模块故障的后验概率求解公式为

$$P\left(X_i=1|T=1\right)=\frac{P\left(X_i=1,T=1\right)}{P(T=1)} \tag{8-7}$$

式中,$P(X_i=1|T=1)$为系统发生故障的条件下各根节点 X_i 的后验概率;$P(X_i=1,T=1)$ 为叶节点 T 和根节点 X_i 的联合概率; $P(T=1)$ 为叶节点的边缘概率，即系统失效概率。

通过软件求解得到的 OR1200 贝叶斯网络根节点的先验概率与后验概率见表 8-2,图 8-7 所示为系统发生故障时各模块故障的后验概率与先验概率分布对比图。由图 8-7 可见，当系统失效时，根节点 X_4、X_5、X_{10} 的后验概率较大，即这三个模块导致系统失效概率比较大，可靠性较低,分别为 ALU、Mult_mac 和 RF 模块，其中 RF 模块的后验概率最大，这也说明 OR1200 失效时，首先应该检查 RF 模块是否出现软错误。从各个根节点的后验概率分布来看，不同的模块对系统可靠性的影响不同，由此可以找到系统中存在的薄弱环节，为提高系统可靠性设计提供依据。

表 8-2　　OR1200 贝叶斯网络根节点先验概率与后验概率

根节点	根节点先验概率/%	根节点后验概率/%
X_1	2.01	10.62
X_2	1.20	6.34
X_3	1.15	6.07
X_4	2.91	15.37
X_5	2.75	14.53
X_6	0.87	4.60
X_7	2.08	10.99
X_8	1.79	9.45
X_9	0.65	3.43
X_{10}	3.47	18.33
X_{11}	0.87	4.60
X_{12}	0	0
X_{13}	0.31	1.64
X_{14}	0.70	3.70

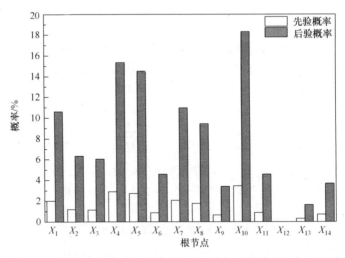

图 8-7　系统发生故障时各根节点先验概率与后验概率分布对比图

3. 根节点重要度评估

重要度是评价一个底事件或者最小割集发生故障时对系统失效贡献大小的重要指标。通过计算重要度，可以找出对系统失效影响最大的模块，是判断系统薄弱环节和诊断故障模块的重要指标。对于重要度比较大的模块，应该采用一定的方法提高其可靠性，如计算机系统与网络系统可以采用冗余或备份等方法提高关键模块的可靠性。由于评价角度不同，重要度的评价方法也有一定的差别，对于贝叶斯网络，可以通过计算根节点的重要度来衡量根节点对系统节点的影响。通常采用计算条件概率和联合概率的方法，可以计算出不同类型的重要度，而常用的重要度计算方法有风险减少值(risk reduction worth, RRW)重要度、弗塞维思利(Fussel-Vesely, FV)重要度和伯恩鲍姆重要度(Birnbaum importance, BI)[185-188]。

1) RRW 重要度

RRW 重要度求解公式为

$$I_{X_i}^{\mathrm{RRW}} = \frac{P(T=s)}{P(T=s \mid X_i=0)} (s=0,1; i=1,2,\cdots,14) \tag{8-8}$$

式中，$I_{X_i}^{\mathrm{RRW}}$ 为根节点的 RRW 重要度；$P(T=s)$ 为系统状态为 s 时的概率；$P(T=s \mid X_i=0)$ 为根节点正常的情况下系统状态为 s 的条件概率。

当 $s=0$ 时，$I_{X_i}^{\mathrm{RRW}}$ 表示系统节点正常的情况下，根节点的 RRW 重要度。按照桶消元算法求解 $P(T=1)$ 和 $P(T=1 \mid X_i=0)$，依据式(8-8)求解 OR1200 贝叶斯网络各根节点的 RRW 重要度。当 $s=1$ 时，$I_{X_i}^{\mathrm{RRW}}$ 表示系统失效情况下，根节点的 RRW 重要度。同理，按照桶消元算法求解 $P(T=0)$ 和 $P(T=0 \mid X_i=0)$，得到 OR1200 系统贝叶斯网络根节点 RRW 重要度见表 8-3。

表 8-3　OR1200 系统贝叶斯网络根节点 RRW 重要度

根节点	$I_{X_i}^{\mathrm{RRW}}$ (s=0)	$I_{X_i}^{\mathrm{RRW}}$ (s=1)
X_1	0.9799	1.0961
X_2	0.9881	1.0546
X_3	0.9885	1.0523
X_4	0.9709	1.0310
X_5	0.9725	1.1376
X_6	0.9913	1.0390
X_7	0.9792	1.1000
X_8	0.9821	1.0848
X_9	0.9935	1.0288
X_{10}	0.9653	1.1816
X_{11}	0.9913	1.0390
X_{12}	1	1
X_{13}	0.9969	1.0134
X_{14}	0.9942	1.0310

2) FV 重要度

FV 重要度求解公式为

$$I_{X_i}^{\text{FV}} = \frac{P(T=s) - P(T=s \mid X_i=0)}{P(T=s)} = 1 - \frac{1}{I_{X_i}^{\text{RRW}}} \quad (s=0,1; i=1,2,\cdots,14) \quad (8\text{-}9)$$

式中，$I_{X_i}^{\text{FV}}$ 为根节点的 FV 重要度；$P(T=s)$ 为系统状态为 s 时的概率；$P(T=s \mid X_i=0)$ 为根节点正常时系统状态为 s 的条件概率；$I_{X_i}^{\text{RRW}}$ 为根节点的 RRW 重要度。与 RRW 重要度类似，当 $s=0$ 时，$I_{X_i}^{\text{FV}}$ 表示为系统正常情况下，根节点的 FV 重要度；当 $s=1$ 时，$I_{X_i}^{\text{FV}}$ 表示为系统失效情况下，根节点的 FV 重要度。按照式(8-9)求解得如表 8-4 所示的 OR1200 系统贝叶斯网络根节点 FV 重要度。

表 8-4　OR1200 系统贝叶斯网络根节点 FV 重要度

根节点	$I_{X_i}^{\text{FV}}$ (s=0)	$I_{X_i}^{\text{FV}}$ (s=1)
X_1	−0.0205	0.0877
X_2	−0.0120	0.0518
X_3	−0.0116	0.0497
X_4	−0.0300	0.0301
X_5	−0.0283	0.1210
X_6	−0.0088	0.0375
X_7	−0.0212	0.0909
X_8	−0.0182	0.0782
X_9	−0.0065	0.0280
X_{10}	−0.0359	0.1537
X_{11}	−0.0088	0.0375
X_{12}	0	0
X_{13}	−0.0031	0.0304
X_{14}	−0.0058	0.0301

3) BI

BI 求解公式为

$$I_{X_i}^{\text{BI}} = P(T=s \mid X_i=1) - P(T=s \mid X_i=0) \quad (s=0,1; i=1,2,\cdots,14) \quad (8\text{-}10)$$

式中，$I_{X_i}^{\text{BI}}$ 为根节点的 BI；$P(T=s \mid X_i=1)$ 为根节点故障时系统节点状态为 s 的条件概率；$P(T=s \mid X_i=0)$ 为根节点正常时系统状态为 s 的条件概率。当 $s=0$ 时，$I_{X_i}^{\text{BI}}$ 表示系统正常情况下，根节点的 BI；当 $s=1$ 时，$I_{X_i}^{\text{BI}}$ 表示系统失效情况

下，根节点的 BI。按照式(8-10)求解得如表 8-5 所示的 OR1200 系统贝叶斯网络根节点 BI。

表 8-5　OR1200 系统贝叶斯网络根节点 BI

根节点	$I_{X_i}^{\text{BI}}\,(s=0)$	$I_{X_i}^{\text{BI}}\,(s=1)$
X_1	−0.8273	0.8273
X_2	−0.8205	0.8205
X_3	−0.8201	0.8201
X_4	−0.8350	0.8350
X_5	−0.8336	0.8366
X_6	−0.8178	0.8178
X_7	−0.8279	0.8279
X_8	−0.8255	0.8255
X_9	−0.8160	0.8160
X_{10}	−0.8398	0.8398
X_{11}	−0.8178	0.8178
X_{12}	−0.8107	0.8107
X_{13}	−0.8132	0.8132
X_{14}	−0.8154	0.8154

　　根据式(8-8)～式(8-10)分别求得 OR1200 系统正常时($s=0$)和失效时($s=1$)贝叶斯网络各根节点的 RRW 重要度、FV 重要度和 BI。OR1200 系统失效时各根节点重要度分布图如图 8-8 所示。

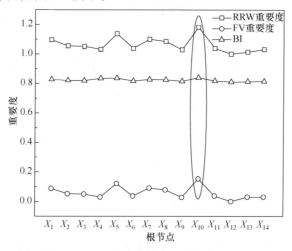

图 8-8　OR1200 系统失效时各根节点重要度分布图

　　从图 8-8 中可以看出，当系统失效时，根节点 X_{10} 的重要度最高，即 X_{10} 故障时对系统失效影响最大，即可以判断 X_{10} 节点为系统 OR1200 的最脆弱模块。由此说明，OR1200 CPU 的 RF 模块发生 SEU 故障时，对系统的可靠性影响最为严重，该结果与贝叶斯网络后验概率的结果一致，因此对于 OR1200 系统应该采取措施提高 RF 的抗 SEU 能力。

8.3　Xilinx Zynq-7000 SoC 贝叶斯网络故障诊断

8.3.1　Xilinx Zynq-7000 SoC 后验概率

　　本小节采用基于贝叶斯网络方法对 Xilinx Zynq-7000 SoC 软错误敏感模块进行故障诊断分析，得出 Xilinx Zynq-7000 SoC 软错误最脆弱模块。

　　1. 构建 Xilinx Zynq-7000 SoC 软错误贝叶斯网络

　　7.1.2 小节已经建立了 Zynq-7000 SoC 软错误故障树，采用故障树转换为贝叶斯网络的方法，将其转换为图 8-9 所示的 Xilinx Zynq-7000 SoC 软错误贝叶斯网络模型。

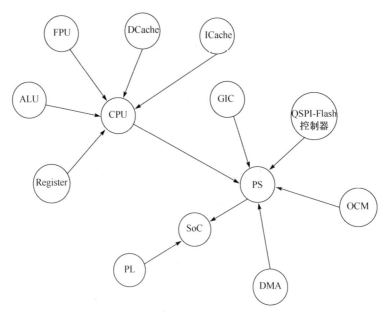

图 8-9　Xilinx Zynq-7000 SoC 软错误贝叶斯网络模型

FPU-浮点运算单元；ALU-算数逻辑运算单元；Register-寄存器；DCache-数据缓存；ICache-指令缓存；CPU-中央处理单元；PS-处理器系统；GIC-通用中断控制器；QSPI-Flash-队列串行闪存；OCM-片上存储器；DMA-直接存储器访问；
PL-可编程逻辑

2. 故障诊断推理

开展 Xilinx Zynq-7000 SoC 故障诊断推理，就是求解各根节点的后验概率，通过比较系统失效后各个模块故障的条件概率，确定系统中导致系统失效可能性最高的模块，从而进行 SoC 软错误故障诊断，采用式(8-7)求解，结果见表 8-6。通过比较表 8-6 所示的 Xilinx Zynq-7000 SoC 各根节点后验概率可以得出，X_5 的后验概率最大，即 OCM 模块发生故障导致系统失效的可能性最大，而 X_8 的后验概率最小，说明系统失效由 QSPI-Flash 控制器模块导致的可能性最小。该方法分析结果与 FEMA 分析方法得出的结果一致，都表明 OCM 模块为系统单粒子效应最敏感单元，对 SoC 的危害最大。

表 8-6　Xilinx Zynq-7000 SoC 根节点的后验概率

模块名称	根节点	后验概率/%
PL	X_1	12.24
Register	X_2	1.13
DCache	X_3	1.51
DMA	X_4	5.08
OCM	X_5	78.12
ALU	X_6	0.41
FPU	X_7	1.41
QSPI-Flash 控制器	X_8	0.10

8.3.2　Xilinx Zynq-7000 SoC 重要度分析

采用 8.2.2 小节提出的根节点重要度求解方法，分别求解 Xilinx Zynq-7000 SoC 软错误各敏感模块的 RRW 重要度、FV 重要度和 BI，结果见表 8-7。

表 8-7　Xilinx Zynq-7000 SoC 软错误各敏感模块的 RRW 重要度、FV 重要度和 BI

模块名称	$I_{X_i}^{\mathrm{RRW}}\ (s=1)$	$I_{X_i}^{\mathrm{FV}}\ (s=1)$	$I_{X_i}^{\mathrm{BI}}\ (s=1)$
PL	1.139	0.122	0.9999068
Register	1.012	0.012	0.9998950
DCache	1.016	0.016	0.9998954
DMA	1.063	0.059	0.9999000
OCM	4.560	0.781	0.9999768
ALU	1.004	0.004	0.9998942
FPU	1.015	0.015	0.9998953
QSPI-Flash 控制器	1.001	0.001	0.9998939

比较系统失效的情况下，Xilinx Zynq-7000 SoC 各根节点的重要度如图 8-10 所示。

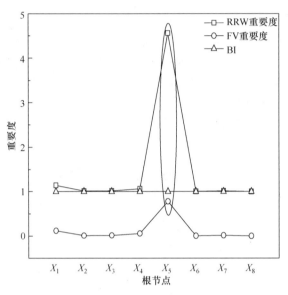

图 8-10　Xilinx Zynq-7000 SoC 各根节点的重要度

从图 8-10 中可以看出，根节点 X_5(即 OCM 模块)的三种重要度都是最大，说明 OCM 故障是造成系统失效的最主要原因，从而进一步证明了该模块为 SoC 中软错误最敏感模块，该结果与后验概率计算的结果相同。因此，Xilinx Zynq-7000 SoC 采取抗辐射加固措施时，应该首先对 OCM 采取保护措施，以提高 Xilinx Zynq-7000 SoC 抵抗单粒子效应的能力。

8.4　SoC 单粒子效应故障诊断系统模型

故障诊断系统用于系统出现故障时及时诊断并修复系统中的故障，提高系统的可靠性及寿命。实现 SoC 故障的快速诊断和修复，有利于维护系统的可靠运行。单粒子效应主要是考虑由于 SEU、SEFI 和 SET 等瞬态故障造成的系统失效，可以采用冗余或软件容错等方法对出现故障的模块进行加固。8.2 节和 8.3 节讲述了 OR1200 SEU 贝叶斯网络的构建及其故障诊断方法，即根据根节点后验概率的大小和底事件重要度判断系统的最脆弱环节，指导维修系统故障。本节以 OR1200 系统为例，介绍如何利用贝叶斯网络建立故障诊断系统。

首先，建立 OR1200 贝叶斯网络，将各根节点的先验概率和条件概率表输入贝叶斯网络中，系统将会根据输入的信息计算各子节点和系统节点不同状态的概率值，如正常情况下的概率和故障情况下的概率。其次，确定系统的状态信息，由于进行的是故障诊断，将系统节点的故障信息输入到贝叶斯网络中，即将 T 节点设置为故障状态。输入的故障状态将通过网络把信息传播至各个节点，完成各节点参数的更新。图 8-11 为传播故障信息后 OR1200 的诊断贝叶斯网络，图中 ToP 节点参数为系统节点发生故障时的状态信息，即 $P(T=1)=100\%$。

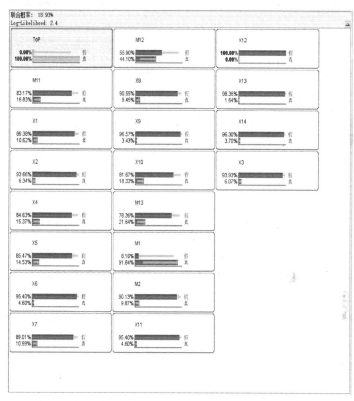

图 8-11　传播故障信息后 OR1200 的诊断贝叶斯网络

贝叶斯网络输出故障信息以后，各节点的参数有了明显变化。可以看出，X_{10} 节点的后验概率最大为 18.33%，这与 8.2 节的结果一致。可以初步断定 X_{10} 节点是导致系统故障的主要原因，因此应该对 X_{10} 节点进行检查和验证，排除故障。如果系统重新运行，未出现故障，说明 OR1200 故障消除，诊断结束。如果系统还未正常运行，则说明 X_{10} 节点正常，故障还未排除。将 X_{10} 节点设置为正常，即 $P(X_{10}=0)=100\%$，继续更新网络。图 8-12 为输入 X_{10} 节点完好的状态下 OR1200 故障诊断贝叶斯网络。由图可以看出，X_4 节点的后验概率最大为 18.17%，即 X_{10} 节点完好状态下系统出现故障最可能的原因为 X_4 节点出现故障。通过这种方法，找出导致系统故障的最终原因，故障诊断结束。

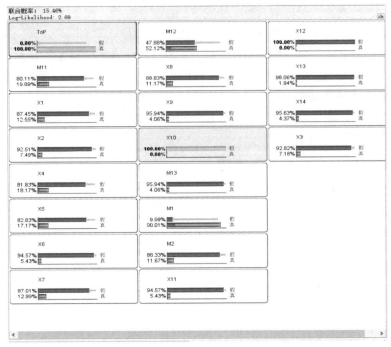

图 8-12　输入 X_{10} 节点完好的状态下 OR1200 故障诊断贝叶斯网络

综上所述，建立如图 8-13 所示的基于贝叶斯网络 SoC 单粒子效应故障诊断系统模型。该诊断系统模型可用于指导系统设计和系统抗辐射加固，主要流程如下：

(1) 根据系统出现的故障，对系统进行结构分解和功能分析，采用自顶向下的方法逐步分解系统，按照系统—子系统—功能模块—电路单元，理清系统的逻辑层析关系，确定导致系统失效的机理。

(2) 按照流程(1)的系统逻辑关系，建立系统单粒子效应故障树。复杂的系统直接建立贝叶斯网络难度较大，通过建立故障树转化为贝叶斯网络，不但能够减小建模难度，而且有助于分析系统失效的因果关系。

(3) 将故障树转化为贝叶斯网络，按照实验统计、专家经验、模拟仿真及前期经验积累，确定贝叶斯网络根节点先验概率和条件概率表，将数据输入至贝叶斯网络中，更新系统信息。

(4) 进行诊断推理分析。根据 SoC 系统的故障状态，推断系统失效情况下各电路模块的后验概率，确定导致系统失效的薄弱环节、故障状态和概率参数。确定后验概率最大的模块故障为导致系统失效的初步原因。

(5) 对后验概率最大的模块进行容错和抗辐射加固。对于寄存器文件、存储器和运算单元可采用冗余或校验码等加固方法，也可采用软件容错方法对该模块进行修复。

(6) 系统故障排除，重新运行 SoC 系统，加载测试程序，验证测试结果是否正确。若系统运行结果正确，则确定故障原因，故障诊断结束。若系统运行仍未正常，则说明该模块不是导致系统出现故障的原因，更改该模块在贝叶斯网络中的状态为正常，重新进行故障诊断推理，重复流程(4)和(5)，直至找到导致系统失效的最终原因，诊断结束。

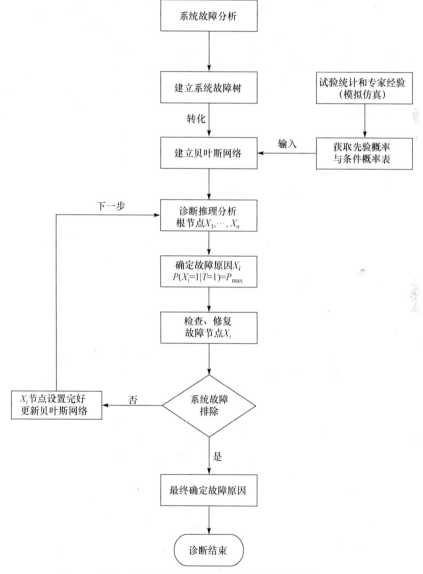

图 8-13　基于贝叶斯网络 SoC 单粒子效应故障诊断系统模型

8.5　本章小结

本章采用贝叶斯网络方法进行 SoC 单粒子效应故障诊断, 以 OR1200 SEU 和 Xilinx Zynq-7000 SoC 软错误为研究对象, 分别构建 OR1200 SEU 贝叶斯网络和 Xilinx Zynq-7000 SoC 软错误贝叶斯网络。详细阐述了贝叶斯网络故障诊断方法, 通过计算不同模块的后验概率和重要度, 对系统失效进行故障诊断, 诊断结果表明 RF 为 OR1200 软错误最敏感模块, OCM 模块为 Xilinx Zynq-7000 SoC 软错误最脆弱模块, 应该首先采取抗辐射加固措施提高其抗软错误能力。以 OR1200 为例, 提出基于贝叶斯网络 SoC 单粒子效应故障诊断模型, 可用于建立 SoC 单粒子效应故障诊断系统。

第 9 章　SoC 控制流错误检测和故障定位

以 SoC 为核心的计算机系统能否正常工作,在很大程度上依赖于 SoC 之上的软件能否正常运行。计算机系统的正常工作与程序代码之间的逻辑正确性有密切关系。然而,SoC 计算机系统受到高能粒子引发的单粒子效应会导致软件程序的控制流错误,即程序代码之间的逻辑正确性受到了破坏。例如,串行执行的程序语句被篡改为分支语句,分支语句的正常跳转地址被修改为其他地址。目前,程序控制流错误检测方法主要由软件实现,将软件划分为基本块,对每个基本块设置标签,在软件运行时对这些标签进行检测以判断是否发生了控制流错误。此外,可以看到的计算机系统错误通常是故障的表象,如果能够对故障进行快速查找、定位和诊断,发现引起故障的根源,则有助于解决 SoC 计算机系统错误问题[189]。

本章主要介绍程序控制流错误检测和 SoC 故障定位设计及其验证结果。

9.1　基于结构化标签的控制流错误检测

计算机系统的正常运行很大程度上依赖于程序代码之间逻辑的正确性。但单粒子效应的存在会引起 SoC 系统发生瞬态故障。有研究表明,33%～77%的瞬态故障会导致控制流错误,其余的瞬态故障会导致数据流错误[190]。控制流错误是指故障改变了程序的正常执行轨迹,发生了非预期的跳转,从而引起系统故障甚至崩溃。例如,存储指令被篡改为分支指令和 PC 寄存器的值被修改等。程序按块划分后跳转可分为三类:块内跳转、块间跳转、从块内跳转到未知的内存空间上。如果能够检测出控制流错误,则可以有效解决单粒子效应引起的瞬态故障。

9.1.1　控制流错误检测研究现状

控制流错误检测方法可分为硬件实现的检测方法[191]和软件实现的检测方法[192]。与硬件实现的检测方法相比,软件实现的控制流错误检测方法在成本及灵活性上具有较大优势,且更容易实现,可以直接应用于高级语言编写的源代码上。

为了检测程序块内和块间的控制流错误(即非法跳转),研究人员提出了基于软件基本块标签的控制流错误检测方法,包括 ECCA(enhanced control-flow checking using assertions)[193]、CFCSS(control flow checking by software signatures)[194]、RSCFC(relationship signatures for control flow checking)[195]、YACCA(yet another control flow checking using assertions)[196]及 SCFC(software-based control flow checking)[197]等。RSCFC 方法首先将程序划分为基本块，然后对每个程序基本块进行二进制编码，并将其所有后继基本块的信息编码到二进制位中。在程序运行期间，当控制流进入到一个程序基本块内部时，查看该基本块在二进制位中所表示的数字是否为 0[195]。当数字为 0 时，表示当前出现了非法的控制流跳转错误；当数字不等于 0 时，则表示当前程序运行正常。然而，由于计算机系统所能表示的计算字长有限，RSCFC 方法不适合于大规模软件。SCFC 方法为基本块分配顺序变量 ID 和后继标签，在系统运行过程中，对 ID 不断进行更新后判断其数值关系，同时检验后继标签中相应位是否被设置为 0[196]。文献[198]~[202]所采用的标签分析方法的基本原理与上述方法类似。

　　总的来讲，这类算法涉及标签的设置、更新及检测过程。然而，这类算法针对每个基本块通常只有一次检测过程，存在滞后性。当控制流从一个基本块的中部跳转到另一个基本块的中部时，这些算法不能立即发现异常，必须等到对后续基本块进行检测时才能发现。例如，假设程序运行到基本块 i 的中部时，发生单粒子效应使得控制流异常，程序跳转到了基本块 j 的中部继续执行，只有当程序正常执行到基本块 j 的某个后继基本块时，才能检测到控制流的异常。更有甚者，如果基本块 j 是系统的最后一个块，那么这类算法将无法发现控制流异常。此外，滞后性也可能造成控制流连续异常跳转。SCFC 方法虽然对每个基本块设计了 2 次检测过程，但存在滞后性问题[197]；而 RSCFC 方法虽然解决了滞后性，但存在较大的性能损耗，不适合对实时性要求较高的嵌入式系统[195]。

9.1.2　可配置控制流错误检测方法

　　为解决控制流错误检测延迟以及块间连续跳转问题，提出一个基于基本块结构化标签的可配置控制流错误检测方法(structural signatures for control flow checking，SSCFC)[203]。该方法具有较高的错误检测能力和较低的性能损耗。

　　SSCFC 方法首先将程序划分为基本程序块，并形成程序控制流图(control flow graph，CFG)。在 CFG 的基础上设计基本块的结构化标签，标签中带有基本块的后继块信息和当前块的顺序信息。根据标签生成双指令环，两个指令环的检测区域相互作用，可有效解决滞后性问题。

　　1. 对程序划分并形成 CFG

　　将程序划分为基本块之后，对每个基本块从 0 到 $n-1$ 进行编号，其中 n 表示程序划分的总基本块数量。图 9-1 所示为一个程序划分基本块及形成控制流图的示例。其中，图 9-1(a)是一段程序示例，划分为了 7 个基本块，并将它们分别编号为 0~6，图 9-1(b)是这段示例程序正常运行时的控制流图。

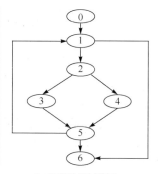

0	int i=0, j=0, n=100;
1	while(i＜n){
2	if(i%2==0)
3	j++;
4	else j=j+2;
5	} i++;
6	…

(a) 程序示例　　　　　　　(b) 程序的控制流图

图 9-1　一个程序划分基本块及形成控制流图的示例

2. 基本块标签设计

SSCFC 方法在每个基本块中插入四条指令，指令的位置可以变化。一种常用情况是在块首插入两条指令 SET1 和 TEST1，在块尾插入两条指令 SET2 和 TEST2，四条指令如下所示。

$$SET1：L = L_i$$
$$TEST1：if((S >> L_i)\ \&\ 1 == 0)$$
$$SET2：S = S_{next}$$
$$TEST2：if(L != L_i)$$

其中，S_{next} 由含有 n 个 0 的二进制数组成，如果某个基本块有后继块，则将后继块对应的二进制位设置为 1；L_i 为基本块的编号。

SET1 和 TEST2 指令对基本块 L_i 进行操作，SET2 和 TEST1 对 S_{next} 进行操作。当 TEST1 和 TEST2 指令中的条件取值为真时，表示程序发生了非法控制流转移。图 9-2 所示是基本块的标签设计。SSCFC 方法所设计的四条指令，形成两个指令环，且这两个指令环的检测区域不同。其中，TEST1 和 SET2 形成第一指令环，而 SET1 和 TEST2 形成第二指令环。

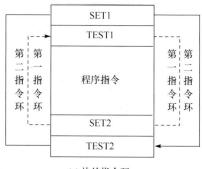

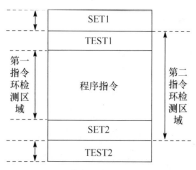

(a) 块的指令环　　　　　　　(b) 指令环检测区域

图 9-2　基本块的标签设计

第一指令环可以是第二指令环的简单倒置，但为了检测多前驱与多后继的情况，第一指令环的检测不再设置成简单的判断相等运算，而是加入了和块后继关系有关的运算。第一指令环能发现块间跳转到这个块的除本身两条指令所在地方的任何跳转，同理，第二指令环也能发现跳转到这个块的除本身两条指令所在地方的任何跳转。第一指令环检测区域和第二指令环检测区域的并集是整个块的区域，但通过 2 个指令环的相互作用即可检测到整个块区域。两个闭环的相互作用能防止一个块的设置指令跳转到另一个块的设置指令。若省去第一闭环，则会发生从一个块的 SETl 到下一个块的 SETl 时，算法无法发现错误的情况。此外，第一指令环具有可调性，可灵活配置，第一指令环的位置只要保证在第二指令环检测区域内即可。

3. 算法描述

SSCFC 方法包括五个主要步骤：

(1) 划分程序为基本块，并构建有向图 $P\{V, E\}$，其中，V 为基本块集合，E 为基本块之间的控制流跳转集合。$V=\{v_0, v_1, \cdots, v_i, \cdots, v_{n-1}\}$，$v_i$ 表示第 i 个基本块；$E=\{e_0, e_1, \cdots, e_j, \cdots, e_{m-1}\}$，$e_j$ 表示第 j 条基本块间控制流跳转。

(2) 基于有向图 P 为每个 v_i 添加 S_{next} 标签和 L_i 标签。

(3) 为程序添加全局变量 S 和 L，并初始化。

(4) 根据标签 S_{next} 标签和 L_i，分别为每个 v_i 生成第一指令环和第二指令环。如果只检测块间的控制流跳转，按图 9-2 所示设置第一指令环和第二指令环。如果同时检测块间和块内控制流跳转，则按图 9-2 所示调整第二指令环；同时，根据需要调整第一指令环到合适位置(需保证第一指令环位于第二指令环的范围内)。

(5) 执行程序。如果检测到错误，则进行错误处理，如将错误信息打印出来(记录下来)或进一步执行错误恢复操作。

9.1.3　执行过程分析

SSCFC 方法通过两个全局的变量 S 和 L 来检测程序控制流的执行。进入一个基本块前并且在 TEST1 运算完后更新 S_{next}，如果第 L_i 个块是某个块后继关系中的一个，则在 L_i 这个块上进行 TESTl 运算时结果为 1，结果为 0 即表示发生控制流跳转错误，由于 S_{next} 在进入第 L_i 块前被更新，S_{next} 中的第 L_i 位已被设置成 1。L_i 则是在一进入到这个块就进行赋值，在这个块的结尾进行 $L == L_i$ 比较运算，如果不相等，则表示发生错误，如果一个块从头到尾正确执行，则 L 一定等于 L_i。

图 9-3 所示是图 9-1 样例加入检测标签后的示意图。程序开始时，S 初始化为 000001，L 初始化为 0。当执行完第 0 块后，$S=S_0=100010$，如果正常则跳转到第 1

块开始处执行 $L = L_i = 1$，$S =(S >> L_i)\&1 =(100010 >> 1) \& 1 = 1$，表示没有出现控制流错误。如果从第 0 块跳转到基本块 1 的中部，如图 9-3 中虚线箭头所示的第 1 类跳转错误，在第 0 块中执行 $L=L_i=0$，当执行到第 1 块的中部时，$L_i = 1$，在块尾判断 L 是否等于 L_i，得到 0 != 1，从而检测到控制流异常。如果从第 0 块的中部直接跳转到第 2 个基本块的开始处，如图中虚线所示的第 2 类跳转错误，第 0 块未进行 SET2 指令的操作，第 0 块中的 $S=S_{next}$ 未执行，因此 $S=000001$，当程序控制流执行到第 2 个块的开始处时，执行 TEST1 运算 $L= L_i =2$ 后，$S=(S>> L_i)\&1=$ $(000001>>2)\&1 = 0$，检测到控制流出现错误。

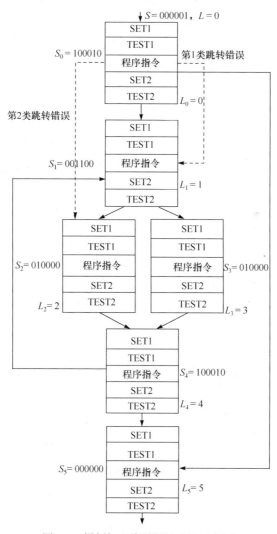

图 9-3　样例加入检测标签后的示意图

9.1.4 实验结果分析

为验证所提出控制流错误检测方法的有效性，针对 Xilinx Zynq-7000 系列芯片，利用 GCC4.8.2 与 GDB 7.6.50 工具，分别对三个标准程序冒泡排序(BS)、快速排序(quick sorting, QS)和 40×40 矩阵乘法(MM)进行 1000 次故障注入。采用软件故障注入的方法，用 GCC 编译器将源程序编译成平台支持的指令集，为比较 SSCFC 算法的具体效果，将每个程序的指令集生成四个版本，包括未添加算法的指令集和分别添加 RSCFC、ECCA、SSCFC 算法的指令集。故障注入时，尽量模拟真实情况下的控制流非法跳转，随机改变分支指令的目的地。对每个程序四个版本的指令集分别进行故障注入，记录程序运行的结果，其结果类别如下。

(1) 结果正确(correct result, CR)：控制流错误没有改变程序输出结果。

(2) 被操作系统检测到错误(OS detection, OSD)：操作系统内部的错误检测机制检测到错误。

(3) 结果错误(wrong result, WR)：控制流错误导致程序输出错误结果。

(4) 超时(time out, TO):由于错误，程序在给定的时间内没有结束。

(5) 被软件算法探测到错误(software detection, SD)：控制流错误被算法检测到。

表 9-1 给出了分别采用 RSCFC、ECCA、SSCFC 算法和未加任何算法的程序检测结果对比，其中，错误检出率代表当控制流发生错误时被检测到的概率，即表 9-1 中结果类别 CR、OSD、TO 和 SD 发生概率之和。不同算法平均错误检出率如图 9-4 所示。表 9-2 显示了不同算法的内存开销和时间开销数据，其中内存开销为未进行链接的二进制文件大小，时间开销为实际运行时间。

表 9-1 采用不同算法检测结果比较

算法	程序	程序运行结果					错误检出率/%
		CR	OSD	WR	TO	SD	
无	MM	130	400	265	205	0	73.5
	BS	330	340	200	130	0	80.0
	QS	200	380	360	60	0	64.0
RSCFC	MM	400	120	90	20	370	91.0
	BS	420	110	116	25	329	88.4
	QS	390	130	110	60	310	89.0
ECCA	MM	420	110	100	50	320	90.0
	BS	380	130	90	51	349	91.0
	QS	400	60	200	25	315	80.0
SSCFC	MM	370	60	52	50	468	94.8
	BS	420	69	30	40	441	97.0
	QS	360	80	46	30	484	95.4

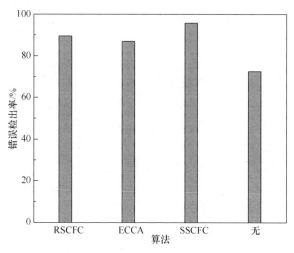

图 9-4　不同算法平均错误检出率

表 9-2　不同算法内存开销和时间开销

程序	内存开销/KB			时间开销/ms		
	RSCFC	ECCA	SSCFC	RSCFC	ECCA	SSCFC
MM	2.40	2.43	2.94	0.85	2.17	1.31
BS	3.02	3.13	3.42	1.52	1.26	0.83
QS	3.17	4.54	2.26	1.37	1.14	1.09

　　由表 9-1 可以看出,提出的控制流错误检测方法 SSCFC 具有较好的检测结果,对于所采用的示例程序,错误检出率均超过 94%,优于 RSCFC 和 ECCA 算法。由表 9-2 可知,SSCFC 算法的平均时间开销为 1.08ms,而 ECCA 和 RSCFC 算法的平均时间开销分别为 1.52ms 和 1.25ms。在内存开销方面,RSCFC、ECCA 和 SSCFC 的平均内存开销分别为 2.86KB、3.37KB、2.87KB,SSCFC 基本与 RSCFC 持平,但与 ECCA 相比显著降低。在多数情况下,其他算法通过牺牲空间来换取更高的时间性能,而 SSCFC 算法在保障内存开销较小的情况下,降低了时间开销。由图 9-4 可以看出,对比其他算法,SSCFC 算法在保证时间开销和内存开销的同时,可使错误检出率提高 6.2%~8.6%。

9.2　基于二分图极大权值匹配的 SoC 故障定位

　　虽然 SoC 在出厂前测试通常可以保障其工作效能,但随着时间推移导致的电子元器件老化,或者恶劣的工作环境,都可能使 SoC 工作不正常甚至出现某些模块损坏的情况，此时就需要一种功能测试系统来提示和检测错误[204]。此外，在某些测试场景中，也需要将 SoC 放置于特定的环境或某种未知的环境下，以检查在此环境下的 SoC 工作能力。例如，SoC 被广泛应用在航天领域的计算机系统中，但由于太空中存在各种宇宙射线及高能粒子，会导致计算机硬件系统产生各种瞬态或永久故障，此时就可以用功能测试系统来检测故障。

　　一旦 SoC 中某个模块发生故障，就很可能导致其他模块也出现故障，即出现故障传播[205-207]。故障传播导致整个故障源集具有关联性。故障关联性大致有三类：第一类，一个故障源导致多个故障事件；第二类，多个故障源导致一个故障事件；第三类，某故障事件导致其他故障事件的发生。故障关联性给 SoC 功能测试系统的故障定位和故障原因判断等带来了困难。

9.2.1　故障定位相关研究

　　故障定位又称根源故障分析，是指通过分析观测到的症状或故障事件，找出产生这些症状或故障事件的真正原因。故障定位算法需要从所有可能的故障假设中寻找对症状作出最优解释的故障子集。最为直观的是穷举法，即依次产生所有 (2^f-1) 个故障子集 (f 为故障数目)，计算每个子集发生的概率，从中找出最优解释的子集[208]。这种方法简单，但计算复杂度为 $o(2^f)$，当 f 较大时，其实用价值小。

　　故障定位技术分为确定性故障定位和非确定性故障定位。非确定性故障定位是从故障与症状之间的非确定性对应关系推理出故障所在的过程，理论上已经证明为 NP-Hard 问题。主要技术有神经网络(neural network)、规则推理(rule-based reasoning)、贝叶斯网络、专家系统、模糊推理(fuzzy reasoning)、因果图(causality graphs)及二分图故障传播模型(fault propagation model, FPM)技术等[209-213]。由于一些系统的部件关系和整体结构比较复杂，其运行时状态很难用数学模型来描述，加之实验开销高昂，使实验样本不宜过多，故障定位一般需要在小样本下基于不确定性信息作出决策。具有高度非线性动力学特征的神经网络方法虽然能处理噪声严重或不相容的信息，但神经网络的学习结果正确与否取决于样本量的多少，复杂系统一般不能满足神经网络对于训练样本的需求。专家系统、规则推理及模糊推理则将领域知识编成一系列产生规则，可以解决许多系统的故障定位问题，但随着规则数量的增多，大量的规则可能会产生匹配冲突、系统运行开销增加很难适应要求、遇到新的节点故障或新信息时产生组合爆炸等问题。贝叶斯网络方法研究复杂系统故障定位存在的问题主要是算法的计算复杂度和确定条件概率困难。因果图的故障传播模型中包含许多对故障定位不起帮助作用的冗余信息，这些冗余信息加重了定位算法的计算量，因此因果图网络故障传播模型应该进行适当修剪，从而提高故障定位的效率。

9.2.2　基于二分图的 SoC 故障定位方法

二分图作为一种特殊的经过修剪的因果图，可以简化故障与症状之间的耦合关系，具有较低的计算复杂度。因此，采用二分图建立 SoC 的 FPM[214]。建立 FPM 之后将故障定位问题转换为遍历二分图，从故障事件集合中寻找出对症状集合的极大权值匹配。

1. 基于二分图的 FPM 建立

设 $G =(X，Y，E)$为基于二分图的 FPM[215]，由故障节点集合 X、症状节点集合 Y 和边集合 E 组成。$X=\{X_1，X_2，\cdots，X_n\}$ 与 $Y=\{Y_1，Y_2，\cdots，Y_m\}$ 均非空且 $X \cap Y=\phi$，其中 n 表示故障节点的数量，m 表示症状节点的数量。$E=\{X_iY_j，1\leqslant i\leqslant n，1\leqslant j\leqslant m\}$ 表示故障源节点 X_i 引发故障事件节点 Y_j。E 中的边可以增加概率 W_{ij}，表示故障源引起故障事件的可能性大小，概率可以转换成权值用于二分图极大权值的匹配。图 9-5 所示为一个二分图示例，X_1、X_2、X_3 和 Y_1、Y_2、Y_3、Y_4 分别代表故障源和故障事件，$W_{ij}=\{0.6，0.3，0.4，0.2，0.1\}$。

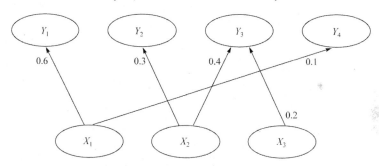

图 9-5　一个二分图示例

2. 建立 SoC 的 FPM

SoC 功能测试的主要目的是验证芯片在功能上是否满足要求，通常被测试模块数量多，模块本身功能复杂，测试任务繁重。如图 9-6 所示的 SoC 功能测试系统，将整个 SoC 划分为最小的不可分割硬件集(模块集)，如 PL、ADC、Register、Memory、Cache、DMA、ALU 和 FPU。按照功能属性进行划分，利用功能层面的抽象，将每个硬件模块抽象成一个具有简单功能的函数，将硬件集抽象为软件功能集。抽象后 SoC 的硬件功能模块分别转换为 PL、ADC、Register、Memory、Cache、DMA、ALU 和 FPU 等程序，整个 SoC 系统形成一个软件功能集，使针对硬件进行测试的过程转变成针对程序集进行测试的过程。对软件功能集注入用户自定义的测试程序，每次可以注入一个或多个测试程序，然后对测试程序输入测试用例。如果测试程序出错则说明对应硬件模块出错。但是故障关联性与故障传播等导致系统中各个硬件模块有可能是相互影响的，即一个硬件模块出错可能会影响另一个硬件模块。因此，当一个硬件模块从软件功能集上表现出错误时，不一定就代表这个硬件模块出错。

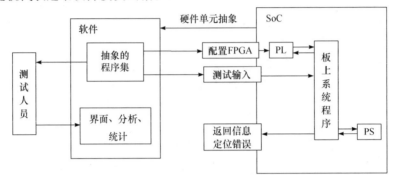

图 9-6　SoC 功能测试系统

　　SoC 功能测试系统是针对特定模块的测试，并没有考虑故障的关联性，即功能测试系统的故障源与故障事件是一一对应的关系。而实际运行过程中，模块间会有相互影响的过程，从而干扰结果预测判断。例如，如果 DMA 测试程序出错，则在功能测试中表明 DMA 硬件模块有问题，但是这个问题也可能是由 Register 模块引起的，而这种情况在系统中是无法得知的。出现这种情况时，可以采用定位算法来保证结果的正确性。根据 FPM 建立 SoC 故障的发生层和结果层如图 9-7 所示。从发生层到结果层有多个连接，代表故障源可能引起的故障事件，连接边加入概率后，SoC 故障转移概率如表 9-3 所示，表示故障源可能引起故障事件的可能性大小。当功能测试系统检测出多个故障事件时，从统计概率上可获得可靠的结果，将寻找一个确切故障源的过程转换成二分图的极大权值匹配过程。

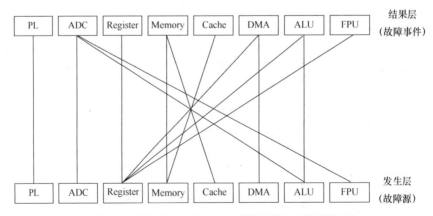

图 9-7　根据 FPM 建立 SoC 故障的发生层和结果层

表 9-3　SoC 故障转移概率(示意)　　　　　　　　　(单位：%)

X	Y							
	PL	ADC	Register	Memory	Cache	DMA	ALU	FPU
PL	100							
ADC		100						
Register		20	50			10	10	10
Memory				70	30			
Cache				30	70			
DMA						100		
ALU		10					90	
FPU		10						90

表 9-3 所示的 SoC 故障转移概率，表示一个故障源可能引起的故障事件，其中 X 代表故障源，Y 代表故障事件。例如，X(Register)Y(ADC)= 20%，表示如果 Register 发生错误，就有 20% 的可能性导致 ADC 出现错误。

3. 扩展的 KM 算法

给定两个集合 $X\{X_1,\cdots,X_i,\cdots,X_n\}$ 和 $Y\{Y_1,\cdots,Y_j,\cdots,Y_m\}$ 且 $n \leqslant m$，$W_{ij}=X_iY_j$，$0 < W_{ij} \leqslant 1$。故障定位算法为：求一个从集合 X 到集合 Y 的单射 $x \to y$，使得和式 $\sum W_{ij}$ 取得最大值。如果令 $W_{ij}=f(x_i,y_j)$ 中 $x_i \in X$，$y_j \in Y$，$|X|=|Y|=n$，则算法转换为求解二分图极大权值的完备匹配。匹配 M 如式(9-1)~式(9-3)所示。

$$\max M = \sum_{i=1}^{n}\sum_{j=1}^{n} a_{ij} f(x_i,y_j) \tag{9-1}$$

$$\sum_{i=1}^{n} a_{ij} = 1, i = 1,2,\cdots,n; a_{ij} \in [0,1] \tag{9-2}$$

$$\sum_{j=1}^{n} a_{ij} = 1, j = 1,2,\cdots,n; a_{ij} \in [0,1] \tag{9-3}$$

如果令 $A=\{a_{ij}\}_{n \times n}$，则式(9-1)可以表示成矩阵形式：

$$\max AM = \begin{pmatrix} a_{11}\cdots a_{1n} \\ \vdots \quad \vdots \\ a_{n1}\cdots a_{nn} \end{pmatrix} \cdot \begin{pmatrix} f(x_1,y_1)\cdots f(x_1,y_n) \\ \vdots \quad \vdots \\ f(x_n,y_1)\cdots f(x_n,y_n) \end{pmatrix} \tag{9-4}$$

在给定 $f(x_i,y_i)$ 的情况下，二分图的最大完备匹配就是寻找满足式(9-2)和式(9-3)且最大化式(9-1)，式(9-4)中矩阵 A 称为完备匹配的候选解。

通过 Kuhn-Munkres(KM)算法来求解矩阵 A。KM 算法是一个经典的用于求解二分图最佳匹配的高效算法，但 KM 算法运行的要求是必须存在一个完备匹配，因此需要对 KM 算法进行扩展以适应定位算法。

定理 9-1　在二分图 $G(X, Y, E)$ 的一个子图 M 中，M 边集中的任意两条边都不依附于同一个顶点，则称 M 是二分图 G 的一个匹配。

定理 9-2　二分图中找到一种匹配数最大的方案，记做最大匹配。$|x| = |y| =$ 匹配数时，称该匹配方案为完备匹配。

定理 9-3　对于二分图的每条边都有一个权 W_{xy}，要求一种完备匹配方案，使得所有匹配边的权和最大，记做最佳匹配。二分图的最佳匹配则一定为完备匹配，在此基础上要求匹配的边权值之和最大。

定义 9-1　设 $L(x)$ 表示节点 x 的标记量，如果二分图中的任何边 $\langle x, y \rangle$，都有 $L(x)+L(y) \geqslant W_{xy}$，称 L 为二分图的可行顶标。如果 G' 中的任何边 $\langle x, y \rangle$ 满足 $L(x)+L(y) = W_{xy}$，称 G' 为 G 的等价子图。

定理 9-4　设 L 是二分图 G 的可行顶标。若 L 等价子图 GL 有完备匹配 M，则 M 是 G 的最佳匹配。

由定理 9-1～定理 9-4 和定义 9-1 可知，可以通过来不断修改可行顶标，得到等价子图，从而求出最佳匹配。

定义 9-2　根据定理 9-2，二分图最佳匹配要求完备匹配，即 $|X|=|Y|=$ 匹配数。x(发生层)，有 $|x| \leqslant |y|$，如果 $|x| < |y|$，就设定 $X=X \cup Z$，$Z = \{Z_1, Z_2, Z_3, \cdots, Z_k\}$，$k = |y|-|x|$，用 X' 代替 X。

定理 9-5[216]　给定一个带权二分图 G 和该图的一个最佳匹配 M，记 M 中权重为 0 的边组成的集合为 E_0，覆盖的顶点组成的集合为 X_0。若集合 X 中任意一个被权重为 0 的边覆盖的顶点与 Y 中的任意顶点之间均存在边，则在去除匹配 M 中所有权重为 0 的边之后形成的匹配 M'，是二分图的最佳匹配，其中，$X = X - X_0$，$E = E - E_0$。

由定理 9-5 和定义 9-2 可知，可以扩大 KM 算法的使用条件，使得当 $|x| < |y|$ 时，同样适用 KM 算法。

综上所述，得到扩展的 KM 算法步骤如下。

(1) 对于给定的二分图 $G(X, Y, E)$，如果 $|x|<|y|$，转到步骤(4)。否则求出每个点的初始 $Lx[i]=\max\{E.W|E.x =i\}$，$Ly[j]=0\}$，即每个 x 点的初始标号为与这个 x 点相关联的权值最大边的取值，每个 y 点的初始标号为 0。

(2) 从 X 集合中的一个点开始进行 DFS 增广。找一个 d 值，使得 $d =\min\{(x, y)|Lx(x)+Ly(y)-W(x, y)\}$。找到可行边，并且把搜索过程中遍历到的 X 方点全部记下来，记为 M。

若 DFS 成功，判断该点是否是最后一个点，如果是则终止程序，否则转到步骤(2)。

若 DFS 失败，则对于图中的任意一条边进行以下四种情况的修改：①$Lx(x)-$

$d+Ly(y)+d$, $x\in S$, $y\in T$; ②$Lx(x)+Ly(y)$, $x\notin S$, $y\notin T$; ③$Lx(x)-d+Ly(y)$, $x\in S$, $y\notin T$; ④$Lx(x)+Ly(y)+d$, $x\notin S$, $y\in T$。访问过的 X 部顶点集称为 S, 访问过的 Y 部顶点集称为 T。

(3) 修改后, 继续对 X 集合中的其他点进行 DFS 增广, 转到步骤(2)。

(4) 转换 X 到 X', 二分图变为 $G(X', Y, E')$。转到步骤(1), 最后可得到 M'。

(5) 消去 E' 中权值为 0 的边, 转换 M' 到 M。

4. SoC 故障定位

当得到 SoC 的故障传播模型二分图 G, 并建立了扩展 KM 算法后, 就可以得到 SoC 的故障定位方法, SoC 故障定位流程如图 9-8 所示, 主要涉及如下几个步骤:

(1) 如果系统中只有单一的故障事件发生, 运行 SoC 功能检测系统产生结果后结束, 否则产生结果后保存为待修改的结果。

(2) 根据待修改结果中的故障源、相应的故障事件以及它们之间的概率转移图, 生成二分图 G 的 X、Y 及 E 集合。

(3) 对二分图 $G(X, Y, E)$ 运行扩展的 KM 算法, 得到匹配 M 集合。

(4) 根据匹配 M 集合修改步骤(1)中的结果, 产生新的结果后结束。

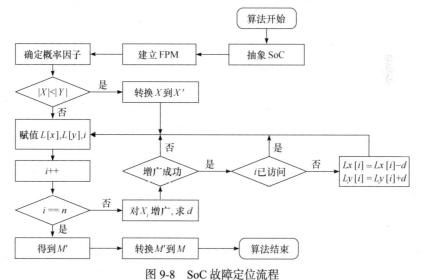

图 9-8　SoC 故障定位流程

9.2.3　实验结果分析

运行针对 Xilinx Zynq-7000 SoC 系列芯片开发的 SoC 功能检测系统。一个未运行任何定位算法的功能检测系统, 由于没有考虑故障之间的关联性, 其结果往往是从故障源到故障事件的一一对应。未运行 SoC 故障定位算法的定位结果匹配如图 9-9 所示。如果实验中 PL、Register、Cache 和 ALU 都检测出错误,则功能测试系统运行的结果就是由虚线标出的故障源,反映了这些故障源产生这些故障事件的整体最大可能性。但是环境的复杂性及 SoC 本身模块的相互影响都会对实验结果产生一定影响,表现在系统上就是产生的结果与实际结果有所偏差。

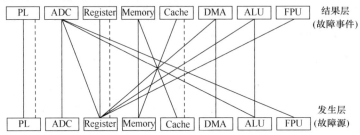

图 9-9　未运行 SoC 故障定位算法的定位结果匹配

运行 SoC 故障定位算法后的定位结果匹配如图 9-10 所示。随着输入模块的不同,出错结果可能会不同,最终结果也会不同。此外,改变概率转移图中的值也会影响最终实验结果。例如,当概率转移图中加入环境因子后,也能检测到环境影响模块的程度。

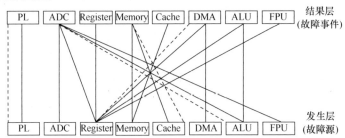

图 9-10　运行 SoC 故障定位算法后的定位结果匹配

为检验 SoC 故障定位方法的效果,采用 TP(true positive)和 FP(false positive)作为评价指标。TP 指某种故障发生,并定位出该故障的概率。FP 指某种故障未发生,但定位出该故障的概率。如表 9-4 所示,SoC 故障定位算法比较给出了预测的 TP、FP、程序运行时间,其中,TP 越大越好,FP 越小越好。从表 9-4 可以看出,在运行定位算法后 TP 有 0%～27%的提升,FP 有 0%～20%的降低。随着故障数的增加,SoC 故障定位算法在牺牲一小部分运行时间的情况下,预测的准确性越来越高,同时误报的概率越来越低。

表 9-4　SoC 故障定位算法比较

故障数	运行定位算法			未运行算法		
	TP	FP	程序运行时间/ms	TP	FP	程序运行时间/ms
2	0.9	0.2	0.1	0.8	0.3	0.09

续表

故障数	运行定位算法			未运行算法		
	TP	FP	程序运行时间/ms	TP	FP	程序运行时间/ms
5	0.33	0.4	0.11	0.22	0.43	0.10
7	0.43	0.30	0.12	0.40	0.43	0.10
8	0.61	0.21	0.15	0.60	0.32	0.10
10	0.62	0.31	0.17	0.62	0.41	0.13
13	0.61	0.22	0.20	0.61	0.32	0.14
14	0.73	0.32	0.21	0.66	0.41	0.15
16	0.77	0.22	0.22	0.71	0.42	0.20
17	0.78	0.23	0.23	0.70	0.40	0.24
20	0.82	0.21	0.24	0.71	0.32	0.25
22	0.88	0.24	0.30	0.61	0.40	0.26
32	0.81	0.25	0.31	0.61	0.41	0.30

9.3　本 章 小 结

本章针对嵌入式软件受单粒子效应而引起的控制流故障，提出一种基于结构化标签的控制流故障检测方法，并以 Xilinx Zynq-7000 系列 SoC 为实验平台进行分析。实验结果表明，与其他方法相比，该方法不仅可以解决迟滞性问题，还具有更高的错误检出率。针对 SoC 部件之间的错误传播及定位问题，建立 SoC 二分图故障传播模型，结合扩展的 KM 算法形成了 SoC 故障定位方法，并以 Xilinx Zynq-7000 系列 SoC 为实验平台进行分析，结果表明该方法具有较好效果，能够提高 SoC 功能检测系统的有效性。

第 10 章　SoC 软件加固方法研究

系统芯片正常运行的前提是软件与硬件同时正常运行，因此针对系统芯片的单粒子效应加固研究主要从这两个方面展开。硬件加固方面，采用抗辐射加固的器件和具有抗辐射加固功能的电路设计等，如空间冗余、纠错检错电路和看门狗电路等就是针对系统芯片实现单粒子效应加固的主要硬件加固手段。软件加固方面有容错加固设计方法和系统恢复加固设计方法。系统级容错建立在资源，如硬件余裕、软件余裕、信息余裕和时间余裕的基础上。硬件余裕主要是电路或系统的余裕方式，即增加一部分电路或相同系统的份数来实现系统的容错，主要用于系统的硬件故障屏蔽。软件余裕是在系统出现有限数目的硬件或软件故障的情况下，仍可提供连续正确执行的内在能力，采用多版本软件容错技术、恢复模块化技术和提高软件刚健性等达到系统可靠运行的目的。信息余裕主要是增加数据码位，应用编码技术构成各种纠错码，使信息或数据在传输、运算和处理过程中的错误得以自动纠正。时间余裕是采用重复执行与程序卷回等技术，以时间代价换取系统的高可靠性[189]。

对于商用系统芯片，由于技术保密等，无法获得具体的系统芯片结构，很难做到从硬件工艺或设计上进行加固。因此，针对系统芯片整体加固更多的还是考虑软件和系统层面。现有研究结果表明，单粒子效应带来的系统故障绝大部分是瞬态故障，因此采用软件加固方法可以在很大程度上消除这些系统故障。

本章主要介绍 SoC OCM、DMA 的软件加固方法及其验证结果。

10.1　SoC OCM 模块的加固方法

系统芯片由处理器、存储器和接口控制器等不同功能模块组成。由于模块众多，各模块单粒子效应敏感性之间存在差异，很难做到对系统芯片每个模块的单粒子效应进行加固，因此寻找系统芯片单粒子效应薄弱环节进行加固设计是提高系统芯片整体抗单粒子效应的有效措施。从前几章的单粒子效应测试和系统故障分析可以发现，对于系统芯片而言，存储器类模块的单粒子效应明显高于其他模块，而 OCM 模块是 SoC 单粒子效应最敏感的模块。因此，本节主要介绍对 SoC 的 OCM 模块的加固设计及基于辐照测试的加固设计验证。

10.1.1　SoC OCM 模块三模冗余加固

三模冗余是一种常见的加固方式，主要通过数据备份和三选二的形式实现，可用于不同模块或电路的加固，能够在一定程度上保障存储单元数据的正确性，其具体实施形式包括空间上的三模冗余和时间上的三模冗余[217-220]。图 10-1 所示为空间三模冗余设计示意图。

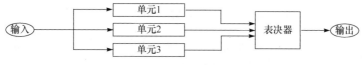

图 10-1　空间三模冗余设计示意图

纳米级系统芯片在片内集成了 OCM，在片外也有 DDR 存储模块，这为 OCM 数据三模冗余提供了条件。根据系统芯片单粒子效应辐照测试结果和系统故障分析可知，OCM 模块是 SoC 单粒子效应最敏感的模块。因此，首先利用三模冗余对 OCM 模块进行加固设计。虽然该系统芯片内集成了双核处理器，但是在加固设计中，主要考虑基于单核处理器的三模冗余加固。

三模冗余的实现是向 OCM 写入数据的同时也向对应 DDR 中写入两次备份数据，通过读取对比发现数据发生了翻转，则立即读取 DDR 中两个位置对应的数据进行比较。若两者相同，则将其写回 OCM 地址从而实现修复，两者不同，则说明备份数据已发生损坏，不能再进行修复，同时向终端输出错误，提示无法修复。图 10-2 所示为 SoC OCM 三模冗余实现流程图。

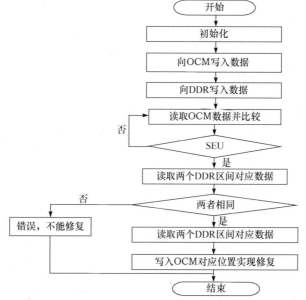

图 10-2　SoC OCM 三模冗余实现流程图

在 OCM 三模冗余设计的基础上，利用α粒子源进行了辐照测试，以验证其加固性能。辐照所用α粒子源信息见表 10-1。为了检测加固效果，测试中将错误数据与修复后数据同时进行输出。表 10-2 为 OCM 模块三模冗余加固设计后α粒子源辐照测试结果，结果表明，OCM 三模冗余加固设计能够实现对探测到的单粒子翻转进行及时修复。

表 10-1　OCM 三模冗余加固验证所用α粒子源信息

α粒子源	直径/mm	注量率/(cm^{-2}·s^{-1})	能量/MeV
^{241}Am	18	3759.8	5.486

表 10-2　OCM 模块三模冗余加固设计后α粒子源辐照测试结果

地址	错误数	翻转位	翻转类型	修复后数据
0xFFFFF2D8	0xA5A5A585	5	1→0	0xA5A5A5A5
0xFFFF30CC	0xA5A585A5	13	1→0	0xA5A5A5A5
0xFFFF36C4	0xA5A5A5B5	4	0→1	0xA5A5A5A5
0xFFFFBD00	0xA5A5A585	5	1→0	0xA5A5A5A5
0xFFFF9574	0xA5A5A1A5	10	1→0	0xA5A5A5A5
0xFFFFE770	0xADA5A5A5	27	0→1	0xA5A5A5A5
0xFFFFA318	0xA5A1A5A5	18	1→0	0xA5A5A5A5
0xFFFF9214	0xA5A5A585	5	1→0	0xA5A5A5A5
0xFFFFD278	0xB5A5A5A5	28	0→1	0xA5A5A5A5
0xFFFFE13C	0xA5A5A5B5	4	0→1	0xA5A5A5A5
0xFFFFDC04	0xA585A5A5	21	1→0	0xA5A5A5A5
0xFFFFD23C	0xA525A5A5	23	1→0	0xA5A5A5A5
0xFFFF6124	0xA525A5A5	23	1→0	0xA5A5A5A5
0xFFFF90E8	0x85A5A5A5	29	1→0	0xA5A5A5A5
0xFFFF20BC	0xA7A5A5A5	25	0→1	0xA5A5A5A5
0xFFFFF12C	0xA5A5A585	5	1→0	0xA5A5A5A5
0xFFFF5298	0xA5A5A5A4	1	1→0	0xA5A5A5A5
0xFFFFBE78	0xA5ADA5A5	19	0→1	0xA5A5A5A5
0xFFFFC404	0xA5A4A5A5	16	1→0	0xA5A5A5A5
0xFFFF8A70	0xA5A5A5E5	6	0→1	0xA5A5A5A5

　　三模冗余的实现是基于重复设计的基础，这会显著消耗系统资源，尤其是对于容量较大的存储单元或者电路进行三模冗余加固设计会明显占用系统资源，降低系统效率。因此，需要在系统芯片现有资源情况下，实现更高效的加固设计。

10.1.2　SoC OCM 的协同加固

　　OCM 三模冗余主要是利用 SoC 内单核结合 DDR 实现冗余，在进行 OCM 单粒子效应测试时，主核将会被完全占用，从而降低系统芯片的可用性和效率。考虑到系统芯片内集成了双核处理器，因此决定采用双核协作的模式以保障主核所用数据的正确性和效率。

　　设计主要思想：主核是主处理器，一般是 CPU0，用于写入、读取和应用来自 OCM 的数据。如果设计可以保障 CPU0 所使用数据的正确性，则可以认为实现了对 OCM 的加固。因此，结合系统芯片自身资源，设计基于冗余、AMP 双核和系统看门狗的协同加固设计。

　　具体实现过程：系统初始化后，CPU0 唤醒 CPU1 并启动系统看门狗。在两个内核共享的存储空间内设置一个标志位，用于双核之间的相互通信。随后 CPU0 向 OCM 写入数据，待写入数据完成时，CPU0 将标志位设置为 0x0F，此时，CPU0 可以进行其他任务或者等待，CPU1 开始工作。

　　对于 CPU1 而言，首先开辟两个内存空间，对 OCM 内数据进行冗余。然后，CPU1 连续地对 OCM 内数据逐一检查。如果第一次检测到异常数据，CPU1 通常会继续在三个周期内对该地址数据连续读取三遍，以确定是否真正发生单粒子翻转。如果读取数据相同且与参考数据相同，则表示此地址没有发生单粒子翻转；如果读取数据与参考数据不同，则说明发生了单粒子翻转，此时 CPU1 在检查了对应备份数据之后，立即从备用空间读取该地址数据并将其写回到错误的 OCM 空间，从而实现修复。每次当 CPU1 检查完 32KB 数据时，CPU1 都会喂狗，并重新启动另一个检查周期，同时将标志设置为 0xF0，以请求 CPU0 检查数据。若 CPU0 开始数据检查，CPU0 首先将标志位设置为 0xFF，然后读取数据并与参考数据进行比较，一旦 CPU0 检测到错误数据，将错误数据输出。如果整个过程中 CPU0 未检测到错误数据，则认为该协同设计实现了 OCM 加固。同时，每一次 CPU0 检查完 32KB OCM 数据后，CPU0 都会喂狗。图 10-3 所示为 OCM 协同加固设计流程。

　　为了进一步验证加固性能，采用中国原子能科学研究院 CY CIAE-100 质子辐照装置，对协同加固设计进行了辐照测试验证。图 10-4 为加固测试中能质子辐照测试现场图。为了更明显地与未加固时的测试结果进行对比，辐照测试过程中选取了与质子辐照测试时相同能量的质子，即 90MeV 和 70MeV，辐照测试验证过程中所用质子参数和测试验证结果分别如表 10-3 和表 10-4 所示。

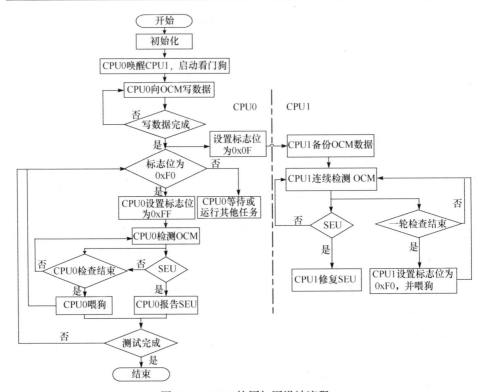

图 10-3　OCM 协同加固设计流程

图 10-4　加固测试中能质子辐照测试现场图

表 10-3　中能质子辐照测试验证时所用参数

能量/MeV	注量率 /(10^7cm^{-2}·s^{-1})	注量 /(10^{10}cm^{-2})
90	2.8	1.0
70	2.0	1.0

表 10-4　中能质子辐照测试验证结果

能量/MeV	单粒子翻转数	
	未加固	加固后
90	102	0
70	88	0

从表 10-4 可以看出，协同加固设计能够实现对 OCM 的单粒子效应加固，保障主核所调用数据的正确性。辐照测试结果表明，对于双核或者多核系统，采用非对称模式、冗余和看门狗相结合的策略，可以有效保障主核所用数据的正确性，同时相对于单核的三模冗余，该协同加固设计也能够有效保障主核的效率。

10.2　SoC DMA 通道冗余加固方法

SoC 的 DMA 模块控制直接存储器访问，是 SoC 的关键模块之一，也易受到高能粒子辐照而发生软件错误。然而，现有的软件加固方法缺乏对 DMA 的有效处理。因此，本节提出面向 SoC 的 DMA 通道冗余加固方法[221]。

10.2.1　SoC DMA 硬件故障源分析

采用软件对 SoC DMA 进行加固，重点考虑 DMA 中主要部件的瞬时故障可能对 DMA 驱动软件造成的影响。DMA 模块主要包括如下四个部件。

1. DMA 指令执行引擎

DMA 指令执行引擎的主要职责是执行控制 DMA 传输的专用指令，并且为每个通道线程维护分离的状态机。另外，它以非抢占的轮转调度机制(round robin)服务于当前正在活动的 DMA 通道，所有的通道具有相同的优先级。其中的指令 Cache 与 CPU 中的指令 Cache 相似，都负责缓存程序的指令。不同的是，DMA 的指令 Cache 较小，而且缓存指令是其专用的指令。

DMA 指令执行引擎的职责决定了当其发生瞬时故障时，指令周期将会受到影响，有可能导致译码出错或执行异常等，最终破坏 DMA 驱动程序的控制流。另外，如果译码失效而出现了意外的写指令，那么程序的数据则被破坏。而指令 Cache 的软故障会对指令代码或者操作数造成意外的修改，从而导致程序的控制流或者数据流错误。

2. 读/写指令队列

读/写指令队列(read/write instruction queue)用于在发出 AXI 传输事务前，对读/写指令的缓存。当通道线程执行加载或者存储指令时，DMA 控制器便将指令入队相应的读/写队列。

读/写指令队列的硬件故障可能会破坏读/写指令，或者使得出队顺序异常，这都会引起 DMA 程序数据或者执行流程的异常。

3. 多通道数据队列

多通道数据队列(multi-channel data FIFO)的职责是缓存在 DMA 传输中从 AXI 中读入或者向 AXI 写入的数据。这些数据在 DMA 传输中是最关键的数据。

瞬时故障对 DMA 程序的影响是显而易见的，它会使得程序的数据被破坏，而不影响程序的执行，即造成典型的静默数据损坏(silent data corruption, SDC)。

4. 控制和状态寄存器

控制和状态寄存器(control and status registers)是对 DMA 控制器内所有寄存器的统称，是软件对 DMA 进行管理的接口。它们为处理器提供配置 DMA 控制器或者查看 DMA 控制器状态的途径，不同寄存器的具体职责不尽相同。例如，中断控制寄存器管理 DMA 中断的开关；PC 寄存器控制指令的执行流程；配置寄存器管理 DMA 具体工作模式；目的地址寄存器或源地址寄存器指导 DMA 传输中的内容存取方位；状态寄存器记录 DMA 当前的所处的状态等。故障对各种寄存器的影响则因其具体的职责而异。

综合以上对 DMA 中主要模块的硬件故障源分析，将这些硬件故障对 DMA 程序的影响分为四类。

(1) DMA SDC：DMA 的瞬时故障导致驱动程序的执行结果错误，即传输目标地址的数据与预期的数据不一致。例如，多通道数据队列的故障破坏了缓存的数据，源地址寄存器故障导致 DMA 从错误的地址中读取数据，最终导致传输的结果不正确。

(2) DMA 功能中断：DMA 的瞬时故障导致 DMA 程序的执行被中断，且该中断能被感知。例如，指令 Cache 的软错误导致指令代码变异成为未定义的指令，使得指令执行引擎在译码时检测到该异常，进而中断 DMA 的执行。

(3) DMA 超时：DMA 的瞬时故障导致 DMA 程序未能在预定的时间内终止，

且不能被硬件机制感知，但可以通过软件的手段中止超时的执行。例如，循环体中跳转指令的目标地址被错误修改，使得循环永远不结束。

(4) DMA 挂起：与超时不同的是，对于挂起的 DMA 执行，不能通过软件的手段复位 DMA，而需要通过复位整个系统才能恢复。例如，故障使得目的地址寄存器或源地址寄存器的内容发生改变，导致 DMA 访问了不支持 DMA 传输的设备，以至于 DMA 无限等待 AXI 传输的完成而不响应其他请求。

10.2.2　SoC DMA 通道冗余加固方法基本原理

为了更好地理解 SoC DMA 通道冗余加固方法，先明确几个关于 DMA 的关键概念。

(1) DMA 传输：DMA 从源到目标传输一个字节、半字或字的行为。

(2) DMA 周期：为了传输通过编程指定的数据包，DMA 控制器必须执行的所有 DMA 传输。

(3) DMA 通道：DMA 控制器的一部分，通过执行 DMA 专用指令程序来管理 DMA 周期。

DMA 通道冗余加固方法基于复算域(sphere of recovery, SoR)的原理，针对 DMA 的特点，得到 DMA 通道冗余加固方法的 SoR 划分，如图 10-5 所示，其中 $N>1$，$M>0$。DMA 通道冗余加固方法使用软件容错技术，以 DMA 中的通道线程为 SoR 进行划分。通道线程与操作系统中线程的概念相似，是对 DMA 通道执行其专用程序过程的抽象。具体而言，通道线程包含其所需执行的 DMA 专用指令程序与线程所占用的硬件资源，如指令 Cache、寄存器组和通道数据等。每一个通道线程能接受输入，独立完成 DMA 周期并输出结果。

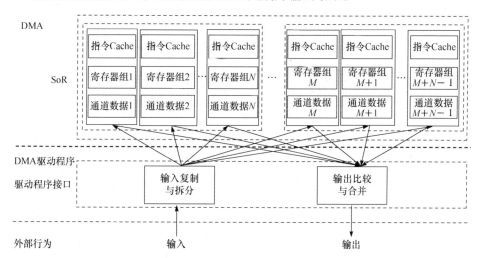

图 10-5　DMA 通道冗余加固方法的 SoR 划分

与 SoC 的其他外设模块一样，DMA 也需驱动程序管理。每当用户应用程序需要使用 DMA 的功能时，必须调用相应的 DMA 驱动程序。而 DMA 驱动程序负责处理用户的输入，配置并开启 DMA 通道线程执行相应的任务。DMA 完成任务后，其执行结果经由驱动程序传递给用户应用程序。因此，DMA 通道线程的所有输入和输出都会被 DMA 驱动程序所捕获和处理。本节提出的 DMA 加固方法以 DMA 的通道线程作为 SoR，在 DMA 驱动程序处进行输入复制与拆分和输出比较与合并，此划分是合理的。

DMA 支持多通道并行执行，因此 DMA 分别为每一个通道分配了独立的物理寄存器和数据缓存。这些寄存器包括通道状态寄存器、通道 PC 寄存器、通道源地址寄存器、通道目的地址寄存器和通道控制寄存器等。DMA 通道冗余加固方法将通道线程分配到物理通道中，具有以下优点：尽可能地从硬件上隔离故障在通道线程之间的传播；尽可能降低性能损失，将冗余通道线程分配到空闲通道中，让其并行执行；提供一定程度的永久故障容错，如可以屏蔽通道独立的硬件部件中的永久硬件故障。

10.2.3　SoC DMA 通道冗余加固方法的设计

SoC DMA 通道冗余加固方法的基本思想是分级加固和 SoR 原理，其逻辑模型如图 10-6 所示，其中 $N>1$，$M>0$。分级加固指的是针对 DMA 故障产生的不同影响，提出两级容错机制，一级容错主要解决 DMA 功能中断及 DMA 超时，而二级容错则主要针对 DMA SDC 失效。其中，一级容错在每个通道线程副本内部实现，二级容错则在多个通道线程间实现。

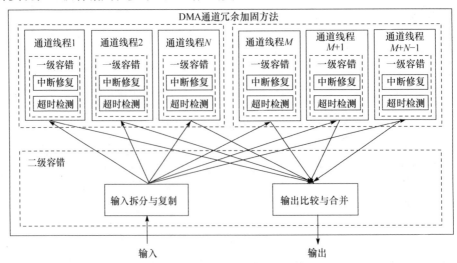

图 10-6　DMA 通道冗余加固方法的逻辑模型

1. 一级容错设计

一级容错的主要设计目标是消除每个通道线程副本的 DMA 功能中断和 DMA 超时。针对 DMA 功能中断,一级容错采用中断修复机制恢复故障;而对于 DMA 超时,则引入了超时检测机制。

1) 中断修复

DMA 在检测到中止事件后,会通过中断控制器向 CPU 发出中断信号。根据 DMAC 是否提供中止发生时的精确状态,可以将中止划分为精确的(precise)中止和不精确的(imprecise)中止。精确的中止是指当中止发生时,DMAC 会更新 PC 寄存器,使其指向造成该中止指令的地址,该指令并没有被执行,而是被 DMANOP 指令所替代。不精确的中止是指当中止发生时,PC 寄存器指向的地址并不一定是造成该中止的指令。

检测到中止发生后,DMAC 会进行硬件级别的资源清理。DMAC 中止流程的状态机图如图 10-7 所示。

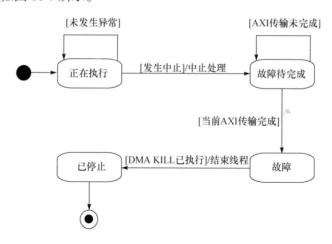

图 10-7　DMAC 中止流程的状态机图

在故障待完成(faulting completing)状态,DMAC 将会进行如下处理(不分先后):

(1) 发出外部中断信号。

(2) 停止该通道线程正在执行的指令。

(3) 无效化该通道的所有 Cache 项。

(4) 如果该中止为精确的中止,将 PC 寄存器更新为造成该中止的指令所在的地址。

(5) DMAC 不再为读取和写入队列中的指令生成 AXI 访问。

(6) 等待当前仍然处于活动状态的 AXI 传输完成。

然而，DMAC 体系结构并没有提供中止发生后的恢复机制，因此必须通过外部的处理函数进行处理。基于以上条件，一级容错在 DMAC 处于故障待完成状态处加入中断修复过程。

一级容错假设从 DMA 上一次无错状态执行 DMA 专用指令程序开始，直至发生此次 DMA 功能中断的过程中，其间没有发生其他 DMA 功能中断，即一级容错认为，对于 DMA 功能中断的容错，在发生此次 DMA 功能中断前的 DMA 运行结果是可信的。因此，此前的运算不需要重复执行，只需要从发生故障的位置开始，继续执行剩下的程序指令。

为了记录 DMA 通道线程在发生 DMA 功能中断时通道线程的状态，提出了 DMA 通道线程上下文的概念。与操作系统中程序上下文的概念相似，DMA 通道线程上下文记录了 DMA 发生中止时刻的线程状态，主要包括当前 DMA 传输的源地址、当前 DMA 传输的目的地址和当前 DMA 周期的剩余传输数据量。

通道源地址寄存器记录了当前 DMA 传输的源地址，通道目的地址寄存器存储了当前 DMA 传输的目的地址，而当前 DMA 周期的剩余传输数据量可以根据通道循环计数寄存器(channel loop counter 0/1)、通道控制寄存器和 DMA 专用指令程序共同决定。同时，根据前文提及 DMAC 对中止的处理可知，当 DMA 通道发生中止时，以上寄存器的内容不会被破坏。因此，一级容错机制可以从以上寄存器的内容中获取 DMA 中止时刻的通道线程上下文，进而从中断处重启该通道线程。然而，对于某些 DMA 周期而言，每次 DMA 传输的源地址和目的地址是连续变化的。为了在 DMA 发生中止时，准确地确定当前 DMA 传输的源地址和目的地址，需要引入 DMA 传输一致性的概念。DMA 传输一致性是指在一次 DMA 传输中，DMA 写出的数据量与读入的数据量相等，具体表现为 DMA 传输完成时的源地址和目的地址的变化量相同。

2) 超时检测

对于 DMA 超时，一级容错设计了超时检测机制活动图，如图 10-8 所示。超时检测机制为每一个正在运行的通道线程设定一个定时器并且预设超时阈值，通道线程与定时器计时并行执行。在通道线程启动时，对应定时器开始计时，当通道线程正常终止时，定时器停止计时。若某个定时器超时，则认为对应的通道线程发生了 DMA 超时失效，该通道线程将被强行杀死，然后重启，并且复位该定时器。

由于一级容错的中断恢复和超时检测机制中都需要以一定的策略重启发生故障的通道线程，而如果物理通道中的部件发生了永久性故障，又或者发生了间歇性故障，可能导致一级容错机制无休止地重启这些物理通道，进而使得用户应用永远等待 DMA 驱动程序的执行结果而无法推进。为了防止由于永久性或间歇性

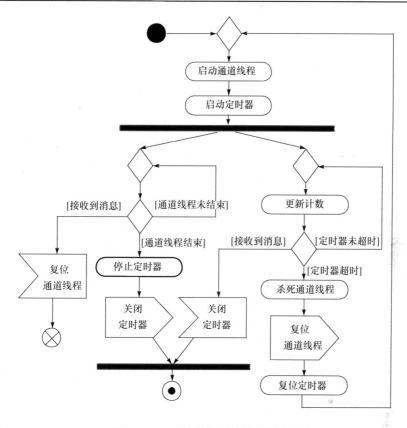

图 10-8　一级容错超时检测机制活动图

故障而导致一级容错机制无限重启通道线程，可以在恢复机制中加入故障计数，每次进入恢复流程时，故障计数增加。当该通道线程的故障次数达到某个预先设定的阈值，则认为该通道发生了永久性故障，从而放弃对该通道的容错，进而终止该通道线程，并且彻底摒弃该通道。而剩下的通道线程继续执行至完成，并进入二级容错机制。

2. 二级容错设计

二级容错的主要任务是消除一级容错不能处理的 DMA SDC。二级容错的逻辑模型如图 10-9 所示，其中 $N>1$，$M>0$。

二级容错的基本思想是通过软件实现冗余的方法来消除故障影响。该容错机制将用户的传输任务拆分成 K 个($K>0$)互相独立的子任务，并将子任务副本划分成子任务组，使具有相同的源存储区域地址集合的子任务副本在同一组。对于任意子任务副本，该方法将其分别分配到($M+N$–1)个通道线程中执行。这($M+N$–1)个

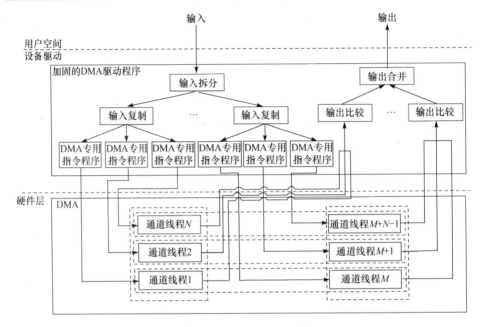

图 10-9 二级容错的逻辑模型

通道线程又先后被分配到 P 个物理通道中。同一组的通道线程执行完毕后，加固的驱动程序将对比它们的执行结果，并输出正确的解。最终，所有子任务组的正确解组成了本次 DMA 周期的最终执行结果。二级容错需要考虑两个重要的参数，子任务划分数 K 和每个子任务组的大小 N。

10.2.4 SoC DMA 通道加固方法的实现

基于 MicroZed 的板级支持包的 DMA 驱动 xdmaps，使用 C 语言实现了适用于 MicroZed 的裸板运行环境的 DMA 通道冗余加固方法。实现的版本采用三物理通道并行，即子任务组的大小 N 为 3，至多允许一个通道线程发生 DMA SDC 故障。以下分别对加固方法的一级容错和二级容错的实现进行阐述。

1. 一级容错的实现

一级容错包括中断恢复机制和超时检测机制，实现分别如下。

1) 中断恢复机制

中断恢复机制在中止响应函数 DmaPs_FaultISR( )中实现。该响应函数会在 DMA 控制器发生中止时被调用。实现的关键代码如下：

```
void DmaPs_FaultISR(DmaPs *InstPtr) {
    …
    for (Chan = 0; Chan < REDUNDANT_N; Chan++) {
        FaultType=XDmaPs_ReadReg(BaseAddr,
        XDmaPs_FTCn_OFFSET(Chan));
        Pc = XDmaPs_ReadReg(BaseAddr, XDmaPs_CPCn_OFFSET(Chan));
        /*  杀死通道线程  */
        DmaPs_Exec_DMAKILL(BaseAddr, Chan, 1);
        ChanData = InstPtr->Chans + Chan;
        DmaCmd = ChanData->DmaCmdToHw;
        /*  获取通道线程上下文  */
        u32 cur_src_addr = XDmaPs_ReadReg(BaseAddr,
        XDmaPs_SA_n_OFFSET(Chan));
        u32 cur_dst_addr = XDmaPs_ReadReg(BaseAddr,
        XDmaPs_DA_n_OFFSET(Chan));
        u32 src_delta = cur_src_addr - DmaCmd->BD.SrcAddr;
        u32 dst_delta = cur_dst_addr - DmaCmd->BD.DstAddr;
        u32 min_delta = src_delta < dst_delta ? src_delta : dst_delta;
        DmaCmd->BD.SrcAddr += min_delta;
        DmaCmd->BD.DstAddr += min_delta;
        DmaCmd->BD.Length -= min_delta;
        /*  复位 DMA 通道线程  */
        DmaProgBuf = (void *)DmaCmd->GeneratedDmaProg;
        if (DmaProgBuf)
            DmaPs_BufPool_Free(ChanData->ProgBufPool, DmaProgBuf);
        DmaCmd->GeneratedDmaProg = NULL;
        ChanData->DmaCmdToHw = NULL;
        /*  重新启动 DMA 通道线程  */
        _DmaPs_Setup_Channel(InstPtr, Chan, DmaCmd,
        ChanData->HoldDmaProg);
        _DmaPs_Start_Channel(InstPtr, Chan);
    }
}
```

其中，DmaPs 是 DMA 的结构体，前文已有叙述。DmaCmd 是 DmaPs_Cmd 结构体的实例，这是 DMA 的命令结构体，包括 DMA 一次执行的参数，如通道的控制结构、CBD 和 DMA 专用指令程序等。ChanData 是 DmaPs_ChannelData 的实例,记录了某个通道线程的信息。

2) 超时检测机制

超时检测机制基于三通道计时器(triple timer counter,TTC),在启动通道线程时开始计时,在 DMA 通道线程的终止响应函数中停止计时。TTC 以 100Hz 的频率检测超时情况。超时检测机制在 TTC 的中断响应函数_ttc_handler( )中实现,关键代码如下:

```
void _ttc_handler(void* CallBackRef) {
    …
    DmaPs *InstPtr = (DmaPs *)CallBackRef;
    void *DmaProgBuf;
    int i;
    for (i = 0; i < REDUNDANT_N; i++) {
        DmaPs_ChannelData *channel = InstPtr->Chans + i;
        if (channel->DmaCmdToHw == NULL) continue;
        channel->TtcClock++; // 计数加 1
        DmaPs_Cmd *DmaCmd = channel->DmaCmdToHw;
        /* 超时处理 */
        if (channel->TtcClock > TTC_TIMEOUT_THRESHOLD) {
            DmaPs_Exec_DMAKILL(InstPtr->Config.BaseAddress, i, 1);
            /* 重新启动通道线程 */
            DmaProgBuf = (void *)DmaCmd->GeneratedDmaProg;
            if (DmaProgBuf)
            DmaPs_BufPool_Free(channel->ProgBufPool, DmaProgBuf);
        DmaCmd->GeneratedDmaProg = NULL;
        channel->DmaCmdToHw = NULL;
        if (_DmaPs_Setup_Channel(InstPtr, i, DmaCmd,
        channel->HoldDmaProg) == XST_SUCCESS) {
            _DmaPs_Start_Channel(InstPtr, i);
            }
        }
    }
}
```

该实现使用 DmaPs_ChannelData 结构体中的 TtcClock 变量记录通道线程当前的时间值,若超过预设值 TTC_TIMEOUT_THRESHOLD,则启动超时处理。

2. 二级容错的实现

二级容错的故障检测和恢复在 DMA 终止响应函数 DmaPs_DoneISR_n( ) 中实现。每当有通道线程正常终止时，该函数就会被调用。实现的关键代码如下：

```
void DmaPs_DoneISR_n(DmaPs *InstPtr, unsigned Channel) {
    …
    int i;
    for (i = 0; i < REDUNDANT_N; i++) {
        if (InstPtr->Chans[i].DmaCmdFromHw == NULL) return; // 存在未完
成的通道线程
    }
    /* 停止 TTC */
    XTtcPs_Stop(&Ttc);
    XTtcPs_ResetCounterValue(&Ttc);
    /* 开始校验 */
    ChanData = InstPtr->Chans;
    DmaPs_BD subtask = ChanData[0].BD;
    u32 c_dst_addr[REDUNDANT_N];
    u32 offset = 0;
    u8 NC;
    for (i = 0; i < REDUNDANT_N; i++) {
        c_dst_addr[i] = ChanData[i].BD.DstAddr;
    }
    NC = DmaPs_Check(c_dst_addr, REDUNDANT_N, subtask.Length, &offset);
    if (NC & 1) { /* 校验通过 */
        if (InstPtr->CurTaskIndex >= K – 1) {
            // 所有任务完成，调用用户定义的终止响应函数
        } else { // 执行下一组任务 }
    } else if (NC == 0x6){ /* 主通道线程出错 */
        DmaPs_BD taskArray[REDUNDANT_N];
        /* 选择 C1 作为候选，生成新的子任务 */
        offset &= ~0x3; // aligned to 4 bytes
        u32 new_addr = c_dst_addr[1] + offset;
        u32 new_length = subtask.Length - offset;
        ChanData = InstPtr->Chans;
```

```
/* 复制子任务 */

int i;
for (i = 0; i < REDUNDANT_N; i++) {
    taskArray[i].SrcAddr = new_addr;
    taskArray[i].DstAddr = ChanData[i].BD.DstAddr + offset;
    taskArray[i].Length = new_length;
}
taskArray[1].DstAddr = taskArray[2].DstAddr + new_length;
_DmaPs_Start_Channel_Set(InstPtr, taskArray, REDUNDANT_N,
                         ChanData[0].HoldDmaProg);
} else { /* 两个或以上个通道线程失效 */
    // 调用用户定义的失效处理函数

}
}
```

该实现使用无符号字节类型变量 NC 表示通过检测的通道。NC 的第 i 位($i \in \{1, 2, 3\}$)分别表示通道线程 i 的状态,若第 i 位为 1 表示通道线程 i 通过检测,若为 0 则表示发生了失效。DmaPs_Check( )是对检测算法的实现,具体代码不再给出。

10.2.5 实验结果分析

在 MicroZed 的裸板运行环境中进行软件模拟的 DMA 故障注入实验。实验采用第 5 章描述的软件故障注入工具。故障注入实验包含两个被测软件(software under test, SUT),即未加固的 DMA 测试程序(dmat)和加固的 DMA 测试程序(hdmat)。两个 SUT 的任务都是从源内存区域拷贝在物理上连续的 256 个 32 位整数至目标内存区域。不同的是,未加固的 DMA 测试程序是基于未加固的 DMA 驱动程序而开发的应用,而加固的 DMA 测试程序则使用本书提出的 DMA 通道冗余加固的 DMA 驱动程序。

DMA 故障注入实验 dmat 和 hdmat 的运行结果分别如表 10-5 和表 10-6 所示。从表 10-5 中可以看出,DMA 控制器指令 Cache(DMA ICache)的 SEU 故障会引发功能中断、SDC 和超时,这是因为 DMA ICache 缓存了即将执行的若干条 DMA 专用指令。其中的故障可能破坏指令的指令代码或操作数,若指令代码变异成为未定义的指令,便引发未定义指令异常,若操作数变异为对应指令代码所不能识别的值,便会导致操作数无效异常,这些都是典型的功能中断。另外,由于循环指令的编译而导致 DMA 执行的流程异常,若使得 DMA 周期提前结束,将会产生错误的运行结果,若使得 DMA 周期延迟,将致使超时。而通道控制寄存器、源地址寄存器和目的地址寄存器的 SEU 故障能致使 SDC 和超时。其中,通道控制寄存器用于配置通道运行的各项参数，错误的配置会导致通道无法正常工作，进而引发 SDC 或超时。而 SEU 故障对源地址寄存器与目的地址寄存器的影响是直接的，将使得 DMA 在传输时，从错误的源地址读取数据或者将数据写入错误的目的地址，甚至破坏内存中的关键区域，进而导致超时。另外，并非所有的系统地址对应的设备都支持 DMA 传输，因此当故障使得它们的值变异成不支持 DMA 传输的地址时，将会使得 DMA 停滞在无限等待 AXI 传输的状态，最终导致超时。

表 10-5　DMA 故障注入实验 dmat 的运行结果

注入位置	无故障	功能中断	SDC	超时	挂起
DMA ICache	589	216	48	147	0
DMA CCR	508	0	483	9	0
DMA SAR	0	0	924	76	0
DMA DAR	0	0	928	72	0

表 10-6　DMA 故障注入实验 hdmat 的运行结果

注入位置	无故障	功能中断	SDC	超时	挂起
DMA ICache	1000	0	0	0	0
DMA CCR	1000	0	0	0	0
DMA SAR	946	0	0	54	0
DMA DAR	945	0	0	55	0

表 10-6 的结果体现了 DMA 通道冗余加固方法的容错能力。其中，DMA ICache 和通道控制寄存器的 1000 个 SEU 故障都被该方法检测并且恢复，没有引发失效。对于源地址寄存器和目的地址寄存器，该方法分别处理了 946 个和 945 个 SEU 故障。源地址寄存器和目的地址寄存器 SEU 故障引起超时的原因与上文描述相同。当这类故障发生时，DMA PL330 的应对机制是等待当前 AXI 传输完成，而又因为地址不合法，AXI 传输始终无法完成，最终使得 DMA 无限等待。同时，因为软件复位 DMA 时也需要等待当前的 AXI 传输完成，所以软件复位也无法修复该类故障。

综合表 10-5 和表 10-6 的结果，比较四个注入位置的失效情况可以看出，DMA 通道冗余加固方法降低了发生功能中断、SDC 和超时的次数。例如，该加固方法共减少了 216 次功能中断，2383 次 SDC 和 195 次超时，验证了加固方法对于 DMA 功能中断、DMA SDC 和 DMA 超时的容错能力。

DMA 故障注入实验中 dmat 和 hdmat 的错误检出率如图 10-10 所示。结果表明，DMA 通道冗余加固方法具备对 DMA ICache、通道控制寄存器、源地址寄存器和目的地址寄存器 SEU 故障的容错能力，其错误检出率分别为 100%、100%、94.6%和 94.5%。与未加固的 DMA 程序相比，经过 DMA 通道冗余加固方法加固的程序对四个部位的错误检出率皆有提高。例如，对于 DMA ICache 的错误检出率提高了 41.4%，对源地址寄存器的错误检出率提高了 94.6%。

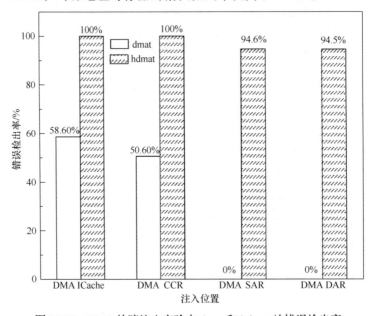

图 10-10　DMA 故障注入实验中 dmat 和 hdmat 的错误检出率

　　故障注入中 hdmat 的错误检出率变化如图 10-11 所示。结果表明，DMA 通道冗余加固方法对 DMA 控制器的综合错误检出率达到了 97%以上，具有较高的故障容错能力，并且随着恶劣环境的变化，即随着 σ 的增加，该方法的错误检出率下降并不明显。例如，σ 提高 5 倍的情况下，加固方法的错误检出率只下降了约 0.4%。

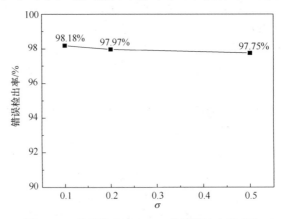

图 10-11　故障注入中 hdmat 的错误检出率变化

如图 10-12 所示，以相对 dmat 倍数的形式分别给出了 dmat 和 hdmat($K=1$ 和 $K=2$)的平均执行时间和代码行数。其中，$K=1$ 和 $K=2$ 的 hdmat 平均执行时间分别是 dmat 的 1.72 倍和 1.96 倍。而经过 DMA 通道冗余加固方法加固的 DMA 驱动程序的代码行数是未加固的 1.39 倍。

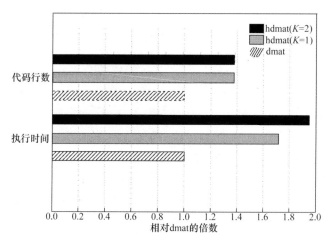

图 10-12　dmat 和 hdmat 的平均执行时间和代码行数

10.3　其他加固方法

近年来，针对纳米级系统芯片，研究人员提出了一些新的加固方法。例如，巴西南里奥格兰德联邦大学研究团队提出了基于系统芯片的锁步双核加固方法。该方法本质上也是冗余的一种，只不过这种冗余实现了从处理器到外设模块的整体冗余。图 10-13 为锁步双核加固结构示意图[52]。意大利都灵理工大学研究团队提出了对软件设计中的库函数进行冗余，以实现软件加固冗余的目的，表 10-7 为软件库冗余[54]。

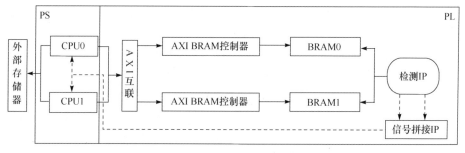

图 10-13　锁步双核加固结构示意图[52]

表 10-7　软件库冗余[54]

定义	operator=(TD<Data Type>&val){ d1=val.d1; d2=val.d2; d3=val.d3;}
应用	TD<int>a,b a=b
等式	int a1,a2,a3,b1,b2,b3 a1=b1; a2=b2; a3=b3

10.4　本 章 小 结

本章对 SoC 的 OCM 模块进行了两种单粒子效应加固设计，并分别利用α粒子和中能质子对加固效果进行了验证。α粒子辐照验证结果表明，三模冗余设计能够实现对片上存储器单粒子效应的及时修复。中能质子辐照实验结果表明，基于冗余、非对称双核处理器模式和看门狗协同设计的加固手段能够在实现对单粒子效应加固的同时有效保证主核的效率。针对 SoC 中的 DMA 瞬态故障，提出一种通道冗余加固方法，该方法采用两级加固设计，具有良好的加固效果。

参 考 文 献

[1] SEMICONDUCTOR INDUSTRY ASSOCIATION. International technology roadmap for semiconductors[R/OL]. (2009-09-05) [2009-09-05].https://www.semiconductors.org/resources/2009-international-technology-roadmap-for-se-miconductors-itrs/.

[2] JULLIEN G, SAVARIA Y, BADAWY W. System-on-chip(SoC) technology: The future of VLSI design[C]. Bangkok: The IEEE International Symposium on Circuits and Systems, 2003.

[3] 张少林, 杨孟飞, 刘鸿瑾. 空间应用 SoC 研究现状简介[J]. 航天标准化, 2012(3): 14-20.

[4] 张笃周, 华更新, 刘鸿瑾,等. SoC 技术在空间应用中的需求分析[J]. 航天标准化, 2011(1): 25-30.

[5] SCHWANK J R, SHANEYFELT M R, DODD P E. Radiation hardness assurance testing of microelectronic devices and integrated circuits: Radiation environments, physical mechanisms, and foundations for hardness assurance[J]. IEEE Transactions on Nuclear Science, 2013, 60(3): 2074-2100.

[6] BARTH J L, DYER C S, STASSINOPOULOS E G. Space, atmospheric, and terrestrial radiation environments[J]. IEEE Transactions on Nuclear Science, 2003, 50(3): 466-482.

[7] BAUMANN R C. Radiation-induced soft errors in advanced semiconductor technologies[J]. IEEE Transactions on Device and Materials Reliability, 2005, 5(3): 305-316.

[8] DODD P E, MASSENGILL L W. Basic mechanism and modeling of single event upset in digital microelectronics[J]. IEEE Transactions on Nuclear Science, 2003, 50(3): 583-602.

[9] MUNTEAU D, AUTRAN J L. Modeling and simulation of single-event effects in digital devices and ICs[J]. IEEE Transactions on Nuclear Science, 2008, 55(4): 1854-1878.

[10] HEIDEL D F, MARSHALL P W, LABEL K A, et al. Low energy proton single-event-upset test results on 65nm SOI SRAM[J]. IEEE Transaction on Nuclear Science, 2009, 55(6): 3394-3400.

[11] CANNON E H, CABANAS-HOLMEN M,WERT J, et al. Heavy ion, high-energy, and low-energy proton SEE sensitivity of 90-nm RHBD SRAMs[J]. IEEE Transactions on Nuclear Science, 2010, 57(6): 3493-3499.

[12] 何安林, 郭刚, 陈力, 等. 65nm 工艺 SRAM 低能质子单粒子翻转实验研究[J]. 原子能科学技术, 2014, 48(12): 2364-2369.

[13] BINDER D, SMITH E C, HOLMAN A B. Satellite anomalies from galactic cosmic rays[J]. IEEE Transaction on Nuclear Science, 1975, 22(6): 2675-2680.

[14] VELAZCO R, ECOFFET R, FAURE F. How to characterize the problem of SEU in processors and representative errors observed on flight[C]. French Riviera:11th IEEE International On-Line Testing Symposium, 2005.

[15] 臧振群, 古士芬, 师立勤, 等. 航天器异常与空间环境[J]. 空间科学学报, 1998, 18(4): 342-347.

[16] 薛玉雄, 杨生胜, 把得东, 等. 空间辐射环境诱发航天器故障或异常分析[J]. 真空与低温, 2012, 18(2): 63-68.

[17] 冯伟权, 徐焱林. 归因于空间环境的航天器故障与异常[J]. 航天器环境工程, 2011, 28(4): 375-389.

[18] VAMPOLA A L. Analysis of environmentally induced spacecraft anomalies[J]. Journal of Spacecraft & Rockets, 2015, 31(2): 154-159.

[19] 中国科学技术协会. 2008—2009 空间科学学科发展报告[M]. 北京: 中国科学技术出版社, 2009.

[20] 郑建华, 郭世姝, 吴霞, 等. 萤火一号火星探测器轨道设计与科学探测事件分析[J]. 空间科学学报, 2012, 32(3): 391-397.

[21] SEXTON F W. Destructive single-event effects in semiconductor devices and ICs[J]. IEEE Transactions on Nuclear

Science, 2003, 50(3): 603-621.

[22] FAROKH I. Guide for ground radiation testing of microprocessors in the space radiation environment[R]. Pasadena: Jet Propulsion Laboratory, 2008.

[23] MARSHALL J R, ROBERTSON J. An embedded microcontroller for spacecraft applications[C]. Big Sky: IEEE Aerospace Conference, 2006.

[24] BERGER R, BURCIN L, HUTCHESON D, et al. The RAD6000MC system-on-chip microcontroller for spacecraft avionics and instrument control[C]. Big Sky: IEEE Aerospace Conference, 2008.

[25] GALLAGHER T, WEISS S H, HAHN J. Natural feature tracking on the OPERA maestro platform[C]. Big Sky: IEEE Aerospace Conference, 2011.

[26] GERALD W C. Implementation of configurable fault tolerant processor(CFTP)experiments[D]. Monterey: Naval Postgraduate School Monterey, 2006.

[27] DEAN A E. Design and development of a configurable fault tolerant processor(CFTP)for space applicatios[D]. Monterey: Naval Postgraduate School Monterey, 2003.

[28] BERGER R W, BAYLES D, BROWN R, et al. The RAD750™—A radiation hardened PowerPC™, processor for high performance spaceborne applications[C]. Washington D C: IEEE Aerospace Conference, 2001.

[29] HADDAD N F, BROWN R D, FERGUSON R, et al. Second generation(200MHz)RAD750 microprocessor radiation evaluation[C]. Sevilla: European Conference on Radiation and ITS Effects on Components and Systems, 2012.

[30] GUERTIN S M, HAFER C, GRIFFITH S. Investigation of low cross section events in the RHBD/FT UT699 LEON 3FT[C]. Las Vegas: Radiation Effects Data Workshop, 2011.

[31] GUERTIN S M, AMRBAR M. SEE test results for P2020 and P5020 freescale processors[C]. Paris: Radiation Effects Data Workshop, 2014.

[32] WIE B, PLANTE M K, BERKLEY A, et al. Static, dynamic and application-level SEE results for a 49-Core RHBD processor[C]. San Francisco: Radiation Effects Data Workshop, 2013.

[33] GUERTIN S M. System on a chip devices-FY10[R]. Pasadena: Jet Propulsion Laboratory, 2010.

[34] GUERTIN S M. FY11 end of year report NEPP SOC devices[R]. Pasadena: Jet Propulsion Laboratory, 2012.

[35] NASA. Flight avionics hardware roadmap[R]. Hanover: NASA, 2014.

[36] BHARDWAJ S, SINGH S, MATHUR V. Next generation multipurpose microprocessor[J]. International Journal for Technological Research in Engineering, 2014, 2(2): 109-112.

[37] HIJORTH M, ABERG M, WESSMAN N J, et al. GR740: Rad-hard quad-core LEON4FT system-on-chip[C]. Barcelona: DASIA 2015-Data Systems in Aerospace, 2015.

[38] GAISLER J. LEON3-FT-RTAX SEU test results [R]. Goteborg: Gaisler Research, 2005.

[39] CABANAS-HOLMEN M, CANNON E H, AMORT T, et al. Estimating SEE error rates for complex SoCs with ASERT[J]. IEEE Transactions on Nuclear Science, 2015, 62(4): 1568-1576.

[40] MASCIO S D, OTTAVI M, FURANO G, et al. Qualitative techniques for system-on-chip test with low-energy protons[C]. Istanbul: International Conference on Design and Technology of Integrated Systems in Nanoscale Era, 2016.

[41] FURANO G, MASCIO S D, SZEWCZYK T, et al. A novel method for SEE validation of complex SoCs using low-energy proton beams[C]. Storrs: IEEE International Symposium on Defect and Fault Tolerance in VLSI and Nanotechnology Systems, 2016.

[42] TAMBARA L A, RECH P, CHIELLE E, et al. Analyzing the impact of radiation-induced failures in programmable SoCs[J]. IEEE Transactions on Nuclear Science, 2016, 63(4): 2217-2224.

[43] LESEA A, KOSZEK W, STAINER G, et al. Soft error study of ARM SoC at 28 nanometers[C]. Palo Alto: IEEE Workshop on Silicon Errors in Logic-System Effects, 2014.

[44] AMRBAR M, IROM F, GUERTIN S M, et al. Heavy ion single event effects measurements of Xilinx Zynq-7000 FPGA[C]. Boston: Radiation Effects Data Workshop, 2015.

[45] HIEMSTRA D M, KIRISCHIAN V. Single event upset characterization of the Zynq-7000 ARM® Cortex™-A9 processor unit using proton irradiation[C]. Boston: Radiation Effects Data Workshop, 2015.

[46] TAMBARA L A, KASTENSMIDT F L, MEDINA N H, et al. Heavy ions induced single event upsets testing of the 28 nm Xilinx Zynq-7000 all programmable SoC[C]. Boston: Radiation Effects Data Workshop, 2015.

[47] TAMBARA L A, AKHMETOV A, BOBROVSKY D V, et al, 2015. On the characterization of embedded memories of Zynq-7000 All programmable SoC under single event upsets induced by heavy ions and protons[C]. Moscow: European Conference on Radiation and Its Effects on Components and Systems, 2015.

[48] TAMBARA L A, RECH P, CHIELLE E, et al. Analyzing the failure impact of using hard and soft-cores in All programmable SoC under neutron-induced upsets[C]. Moscow: European Conference on Radiation and Its Effects on Components and Systems, 2015.

[49] ANTONIOS T, DEJAN G, GEORGE L, et al. Ultra-high energy heavy ions radiation tests on COTS FPGAs at CERN: Results for microsemi ProASIC3 and Xilinx Zynq all-programmable SoC[C]. Noordwijk: Space FPGA Users Workshop, 2018.

[50] MOUSAVI M, POURSHAGHAGHI H R, TAHGHIGHI M, et al. A generic methodology to compute design sensitivity to SEU in SRAM-Based FPGA[C]. Prague: 21st Euromicro Conference on Digital System Design, 2018.

[51] OLIVEIRA Á B, TAMBARA L A, KASTENSMIDT F L. Exploring performance overhead versus soft error detection in lockstep dual-core ARM Cortex-A9 processor embedded into Xilinx Zynq APSoC[C]. Delft: International Symposium on Applied Reconfigurable Computing, 2017.

[52] OLIVEIRA Á B, RODRIGUES G S, KASTENSMIDT F L, et al. Lockstep dual-core ARM A9: Implementation and resilience analysis under heavy ion-induced soft errors[J]. IEEE Transactions on Nuclear Science, 2018, 65(8): 1783-1790.

[53] PAULO R C V, RODRIGO T, ROGER C G, et al. Fault tolerant soft-core processor architecture based on temporal redundancy[J]. Journal of Electronic Testing, 2019, 35(1): 9-27.

[54] REYNERI L M, SERRANO-CASES A, MORILLA Y, et al. A compact model to evaluate the effects of high level C++ code hardening in radiation environments[J]. Electronics, 2019, 8(6): 653.

[55] CHATZIDIMITRIOU A, BODMANN P, PAPADIMITRIOU G, et al. Demystifying soft error assessment strategies on ARM CPUs: Microarchitectural fault injection vs. neutron beam experiments[C]. Portland: 49th Annual IEEE/IFIP International Conference on Dependable Systems and Networks(DSN), 2019.

[56] 贺朝会, 李永宏, 杨海亮. 单粒子效应辐射模拟实验研究进展[J]. 核技术, 2007, 30(4): 347-351.

[57] 王忠明, 姚志斌, 郭红霞, 等. SRAM 型 FPGA 的静态与动态单粒子效应试验[J]. 原子能科学技术, 2011, 45(12): 1506-1510.

[58] 罗尹虹, 张凤祁, 郭红霞, 等. 纳米 DDR SRAM 器件重离子单粒子效应试验研究[J]. 强激光与粒子束, 2013, 25(10): 2705-2709.

[59] 郭红霞, 罗伊虹, 姚志斌, 等. 亚微米特征工艺尺寸静态随机存储器单粒子效应实验研究[J]. 原子能科学技

术, 2010, 44(12): 1498-1504.

[60] 沈东军, 范辉, 郭刚, 等. 欧空局单粒子监督器在北京 HI-13 串列加速器上的单粒子效应校核实验[J]. 原子能科学技术, 2017, 51(3): 555-560.

[61] 何安林, 郭刚, 沈东军, 等. 现代纳米集成电路质子单粒子效应研究进展[J]. 现代应用物理, 2015, 6(2): 118-124.

[62] CAI L, GUO G, LIU J C, et al. Experimental study of temperature dependence of single-event upset in SRAMs [J]. Nuclear Science and Techniques, 2016, 27: 16-1-16-5.

[63] 刘杰. 宇航半导体器件单粒子效应地面模拟研究[D]. 兰州: 中国科学院近代物理研究所, 1999.

[64] 薛玉雄, 曹洲, 杨世宇, 等. 80C31 微处理器单粒子效应敏感性地面试验研究[J]. 航天器环境工程, 2008, 25(2): 110-113.

[65] 张庆祥, 侯明东, 甄红楼, 等. 利用 HIRFL 加速的重离子获得半导体器件的 σ -LET 曲线[J]. 科学通报, 2002, 47(5): 342-344.

[66] 韩建伟, 张振龙, 封国强, 等. 利用激光脉冲开展卫星用器件和电路单粒子效应试验[J]. 航天器环境工程, 2009, 26(2): 125-130.

[67] 马英起. 单粒子效应的脉冲激光试验研究[D]. 北京: 中国科学院空间科学与应用研究中心, 2011.

[68] ZHAO Y Y, YUE S G, ZHAO X Y, et al. Single event soft error in advanced integrated circuit[J]. Journal of Semiconductors, 2015, 36(11): 1-14.

[69] HE Y, CHEN S, CHEN J, et al. Impact of circuit placement on single event transient in 65nm bulk CMOS technology[J]. IEEE Transaction Nuclear Science, 2012, 59(6): 2772-2777.

[70] LI Y H, HE C H, ZHAO F Z, et al. Experiment study on heavy ion single event effects in SOI SRAMs[J]. Nuclear Instruments and Methods in Physics Research Section B: Beam Interactions with Materials and Atoms, 2009, 267(1): 83-86.

[71] 支天, 杨海钢, 蔡刚, 等. 嵌入式存储器空间单粒子效应失效率评估方法研究[J]. 电子与信息学报, 2014, 12(3): 3035-3041.

[72] 王剑峰, 吴龙胜, 许军, 等. 航天用 SoC 发展思考[J]. 航天标准化, 2011(1): 31-34.

[73] 蒋晓华, 李付海, 祁波. SPARC 体系的 S698 系列 SoC 及其应用[J]. 单片机与嵌入式系统应用, 2007(8): 84-85.

[74] 黄琳, 陈第虎, 梁宝玉, 等. S698M SoC 芯片中 EDAC 模块的设计与实现[J]. 中国集成电路, 2008, 17(9): 50-54.

[75] LIU H, HUA G, ZHANG S, et al. Design and verification of SOC2008 processor based on SPARC V8 architecture for space applications[C]. Tianjin: Electron Devices and Solid-State Circuits, 2011.

[76] 袁子阳. 抗辐射加固 "龙芯" 处理器的空间辐射环境适应性研究及航天计算机设计[D]. 北京:中国科学院空间科学与应用研究中心, 2009.

[77] MAY T C, WOODS M H. Alpha-particle-induced soft errors in dynamic memories[J]. IEEE Transactions on Electron Devices, 1979, 26(1): 2-9.

[78] Xilinx. Zynq-7000 all programmable SoC technical reference manual[R/OL]. (2018-07-01) [2018-07-01]. https://www. xilinx.com/support/documentation/user_guides/ug585-Zynq-7000-TRM.pdf.

[79] 贺朝会, 杨秀培, 张卫卫, 等. 应用α源评估静态存储器的软错误[J]. 原子能科学技术, 2006(40): 192-195.

[80] WONG R, WEN S J, SU P, et al. Alpha emission of fully processed silicon wafers[C]. Fallen Leaf: IEEE Integrated Reliability Workshop Final Report, 2010.

[81] 杜守刚, 范隆, 岳素格, 等. SRAM 型 FPGA 单粒子效应敏感性分析研究[J]. 核电子学与探测技术, 2012, 32(3): 272-278.

[82] CESCHIA M, VIOLANTE M, REORDA M S, et al. Identification and classification of single-event upsets in the configuration memory of SRAM-based FPGAs[J]. IEEE Transactions on Nuclear Science, 2003, 50(6): 2088-2094.

[83] ARM. ARM920T technical reference manual [R]. San Jose: ARM Limited, 2001.

[84] 宋明涛, 盛丽娜, 王志光, 等.中能重离子微束辐照装置的研制[C]. 杭州: 全国粒子加速器技术学术交流会, 2007.

[85] 盛丽娜. 中能重离子微束辐照装置[D]. 兰州: 中国科学院近代物理研究所, 2010.

[86] 刘杰, 侯明东, 孙友梅, 等. 重离子微束在单粒子效应研究中的应用[C]. 张家界: 中国空间科学学会空间探测专业委员会第二十次学术会议, 2007.

[87] GUO J L, DU G H, BI J S, et al. Development of single-event-effects analysis system at the IMP microbeam facility[J]. Nuclear Instruments and Methods in Physics Research Section B: Beam Interactions with Materials and Atoms, 2017, 404: 250-253.

[88] 杜广华. 离子微束技术及其多学科应用[J]. 原子核物理评论, 2012, 29(4): 371-378.

[89] DU G H, GUO J L, WU R Q, et al. The first interdisciplinary experiments at the IMP high energy microbeam[J]. Nuclear Instruments and Methods in Physics Research Section B: Beam Interactions with Materials and Atoms, 2015, 348: 18-22.

[90] DU G H, GUO J L, WU R Q, et al. The data acquisition and beam control system at the IMP microbeam facility[J]. Nuclear Instruments and Methods in Physics Research Section B: Beam Interactions with Materials and Atoms, 2013, 306(4): 29-34.

[91] 杜广华, 郭金龙, 郭娜, 等. HIRFL 高能重离子微束交叉学科实验系统[C]. 西安: 第一届全国辐射物理学术交流会, 2014.

[92] ZIEGLER J F, ZIEGLER M D, BIERSACK J P. SRIM—The stopping and range of ions in matter [J]. Nuclear Instruments and Methods in Physics Research Section B: Beam Interactions with Materials and Atoms, 2010, 268: 1818-1823.

[93] 沈东军. 重离子微束辐照装置的研制[D]. 北京:中国原子能科学研究院, 2004.

[94] 史淑廷, 郭刚, 王鼎, 等. 单粒子翻转二维成像技术[J]. 信息与电子工程, 2012, 10(5): 608-612.

[95] 郭刚, 沈东军, 许谨诚, 等. 重离子微束辐照装置[J]. 中国原子能科学研究院年报, 2004(1): 58-59.

[96] EVANS A, ALEXANDRESCU D, FERLET-CAVROIS V, et al. Techniques for heavy ion microbeam analysis of FPGA SER sensitivty[C]. Monterey: Reliability Physics Symposium, 2015.

[97] BRIAN D S, MARCUS H M, ROBERT A W, et al. CREME-MC: A physics-based single event effects tool[C]. Knoxville: IEEE Nuclear Science Symposium & Medical Imaging Conference, 2010.

[98] TYLKAA J, ADAMS J H, BOBERG P R, et al. CREME96: A revision of the cosmic ray effects on micro-electronics code[J]. IEEE Transactions on Nuclear Science, 1997, 44(6): 2150-2160.

[99] WELLER R A, MENDENHALL M H, REED R A, et al. Monte Carlo simulation of single event effects[J]. IEEE Transactions on Nuclear Science, 2010, 57(4): 1726-1746.

[100] MENDENHALL M H , WELLER R A. A probability-conserving cross-section biasing mechanism for variance reduction in Monte Carlo particle transport calculations[J]. Nuclear Instruments and Methods in Physics Research Section A: Accelerators, Spectrometers, Detectors and Associated Equipment, 2012, 667(1): 38-43.

[101] SCHWANK J R, SHANEYFELT M R, BAGGIO J, et al. Effects of angle of incidence on proton and neutron-induced single event latchup[J]. IEEE Transactions on Nuclear Science, 2006, 53(6): 3122-3131.

[102] SCHWANK J R, SHANEYFELT M R, BAGGIO J, et al. Effects of particle energy on proton-induced single-event

latchup[J]. IEEE Transactions on Nuclear Science, 2005, 52(6): 2622-2629.

[103] YANG W T, YIN Q, LI Y, et al. Single-event effects induced by medium-energy protons in 28nm system-on-chip[J]. Nuclear Science and Techniques, 2019, 30: 151.

[104] ALÍA R G, MARKUS B, MATTEO C, et al. SEE testing in the 24-GeV proton beam at the CHARM facility[J]. IEEE Transactions on Nuclear Science, 2018, 65(8): 1750-1758.

[105] 刘杰, 侯明东, 张庆祥, 等. 高能质子引起器件单粒子效应的研究方法[J]. 原子核物理评论, 2002, 19(4): 411-415.

[106] 赵雯, 郭晓强, 陈伟, 等. 质子与金属布线层核反应对微纳级静态随机存储器单粒子效应的影响分析[J]. 物理学报, 2015, 64(17): 178501.

[107] SEIFERT N, GILL B, PELLISH J A, et al. The susceptibility of 45 and 32 nm bulk CMOS latches to low-energy protons[J]. IEEE Transactions on Nuclear Science, 2011, 58(6): 2711-2718.

[108] RODBELL K P, HEIDEL D F, TANG H H K, et al. Low-energy proton-induced single-event-upsets in 65 nm node, silicon-on-insulator, latches and memory cells[J]. IEEE Transactions on Nuclear Science, 2007, 54(6): 2474-2479.

[109] 叶兵. 质子引起纳米 SRAM 器件单粒子翻转研究[D]. 兰州: 兰州大学, 2017.

[110] 陈冬梅, 孙旭朋, 钟征宇, 等. DSP 大气中子单粒子效应试验研究[J]. 航空科学技术, 2018, 29(2): 67-72.

[111] 彭超. 基于地面加速测试的大气中子软错误率评估方法研究[J]. 电子产品可靠性与环境试验, 2017, 35(5): 60-64.

[112] DU X C, LIU S H, LUO D Y, et al. Single event effects sensitivity of low energy proton in Xilinx Zynq-7010 system-on-chip[J]. Microelectronics Reliability, 2017, 71: 65-70.

[113] 张付强, 郭刚, 刘建成, 等. 中国原子能科学研究院 100MeV 质子单粒子效应辐照装置试验能力研究[J]. 原子能科学技术, 2018, 52(11): 2101-2105.

[114] 张付强, 郭刚, 覃英参, 等. 质子单粒子效应引发卫星典型轨道下 SRAM 在轨错误率分析[J]. 航天器环境工程, 2018, 35(4): 365-370.

[115] 陈延伟. 中国散裂中子源(CSNS)[J]. 中国科学院院刊, 2011, 26(6): 726-729.

[116] YU Q Z, HU Z L, ZHOU B, et al. The radiation assessment for the maintenance scenarios of CSNS inner reflector plug[J]. Progress in Nuclear Science and Technology, 2014, 4: 376-379.

[117] 于全芝, 胡志良, 殷雯, 等. 高能中子诱发半导体器件产生单粒子翻转的模拟计算[J]. 中国科学: 物理学 力学 天文学, 2014(5): 479-485.

[118] JEDEC. Measurement and reporting of alpha particles and terrestrial cosmic ray-induced soft errors in semiconductor devices: JEDEC STANDARD JESD89A[S]. Arlington: JEDEC Solid State Technology Association, 2006: 89.

[119] XILINX. UG116: device reliability report[R/OL]. (2018-07-01) [2018-07-01]. https://www.xilinx.com/support/ documentation/ user_guides/ug116.pdf.

[120] DUBEY A, DUBEY M, THAKUR S, et al. An approach to mitigate ^{10}B generated soft error in SRAM[J]. International Journal of Engineering Research and Applications, 2012, 2(3): 1843-1849.

[121] YAMAZAKI T, KATO T, UEMURA T, et al. Origin analysis of thermal neutron soft error rate at nanometer scale[J]. Journal of Vacuum Science & Technology B, 2015, 33: 020604.

[122] WEULERSSE C, HOUSSANY S, GUIBBAUD N, et al. Contribution of thermal neutrons to soft error rate[J]. IEEE Transactions on Nuclear Science, 2018, 65(8): 1851-1857.

[123] AGOSTINELLI S, ALLISON J, AMAKO K, et al. GEANT4—A simulation toolkit[J]. Nuclear Instruments and

Methods in Physics Research Section A: Accelerators, Spectrometers, Detectors and Associated Equipment, 2003, 506(3): 250-303.

[124] ALLISON J, AMAKO K, APOSTOLAKIS J,et al. Recent developments in Geant4[J]. Nuclear Instruments and Methods in Physics Research Section A: Accelerators, Spectrometers, Detectors and Associated Equipment, 2016, 835: 186-225.

[125] PRESTON M, TEGNER P. Measurements and simulations of single-event upsets in a 28-nm FPGA[C]. Santa Cruz: Topical Workshop on Electronics for Particle Physics, 2017.

[126] 杨海亮, 李国政, 李原春, 等. 质子和中子引起的单粒子效应及其等效关系理论模拟[J]. 原子能科学技术, 2001, 35(6): 490-495.

[127] SEIFERT N, GILL B, JAHINUZZAMAN S, et al. Soft error susceptibilities of 22nm tri-gate devices[J]. IEEE Transactions on Nuclear Science, 2012, 59(6): 2666-2673.

[128] GORDON M, RODBELL K. Single-event upsets and microelectronics[C/OL]. (2015-10-24)[2020-4-24]. http:// www.bartol.udel.edu/~clem/NMworkshop2015/ presentations/Gordon. pdf.

[129] NATELLA R, COTRONEO D, MADEIRA H S. Assessing dependability with software fault injection: A survey[J]. ACM Computing Surveys, 2016, 48(3): 1-55.

[130] ZIADE H, AYOUBI RA, VELAZCO R. A survey on fault injection techniques[J]. The International Arab Journal of Information Technology, 2004, 1(2): 171-186.

[131] HSUEH M C, TSAI T K, IYER R K. Fault injection techniques and tools[J]. Computer, 1997, 30(4): 75-82.

[132] ARLAT J, AGUERA M, AMAT L, et al. Fault injection for dependability validation: A methodology and some applications[J]. IEEE Transactions on Software Engineering, 1990, 16(2): 166-168.

[133] 孙峻朝, 王建莹, 杨孝宗. 故障注入方法与工具的研究现状[J]. 宇航学报, 2001, 22(1): 99-104.

[134] 靳昂, 江建慧. 故障注入技术及其应用[J]. 中国计算机学会通讯, 2007, 3(7): 19-28.

[135] CLARK J A, PRADHAN D K. Fault injection: A method for validating computing-system dependability[J]. Computer, 1995, 28(6): 47-56.

[136] GIL P, BLANC S, SERRANO J J. Pin-level hardware fault injection techniques[J]. Frontiers in Electronic Testing, 2003, 23: 63-79.

[137] ARLAT J, CROUZET Y, KARLSSON J, et al. Comparison of physical and software-implemented fault injection techniques[J]. IEEE Transactions on Computers, 2003, 52(9): 1115-1133.

[138] KARLSSON J, FOLKESSON P, ARLAT J, et al. Evaluation of the MARS fault tolerance mechanisms using three physical fault injection techniques[C]. Annapolis: Thrid International Workshop on Intergrating Error Models with Fault Injection, 1994.

[139] GIL D, GRACIA J, BARAZA J C, et al. Study, comparison and application of different VHDL-based fault injection techniques for the experimental validation of a fault-tolerant system[J]. Microelectronics Journal, 2003, 34(1): 41-51.

[140] NIMARA S, AMARICAI A, BONCALO O, et al. Multi-level simulated fault injection for data dependent reliability analysis of RTL circuit descriptions[J]. Advances in Electrical & Computer Engineering, 2016, 16(1): 93-98.

[141] BARAZA J C, GRACIA J, BLANC S, et al. Enhancement of fault injection techniques based on the modification of VHDL code[J]. IEEE Transactions on Very Large Scale Integration Systems, 2008, 16(6): 693-706.

[142] BARAZA J C, GRACIA J, GIL D, et al. Improvement of fault injection techniques based on VHDL code

modification[C]. Napa Valley: Tenth IEEE International High-Level Design Validation and Test Workshop, 2005.

[143] JENN E, ARLAT J, RIMEN M, et al. Fault injection into VHDL models: The MEFISTO tool[C]. Austin: IEEE Twenty-Fourth International Symposium on Fault-Tolerant Computing, 1994.

[144] GIL D, GRACIA J, BARAZA JC, et al. A study of the effects of transient fault injection into the VHDL model of a fault-tolerant microcomputer system[C]. Palma de Mallorca: IEEE International On-Line Testing Workshop, 2000.

[145] 李彬. 基于 Verilog PLI 技术故障注入工具的研究和实现[D]. 哈尔滨: 哈尔滨工业大学, 2011.

[146] 武振平. 基于 VHDL 故障注入的处理器敏感性分析[D]. 哈尔滨: 哈尔滨工业大学, 2012.

[147] 路遥. 基于 HDL 的故障注入工具的研究与实现[D]. 长沙: 国防科技大学, 2007.

[148] LEVEUGLE R, CALVEZ A, MAISTRI P, et al. Statistical fault injection: Quantified error and confidence[C]. Nice: IEEE Design, Automation & Test in Europe Conference & Exhibition, 2009.

[149] RAMACHANDRAN P, KUDVA P, KELLINGTON J, et al. Statistical fault injection[C]. Anchorage: IEEE International Conference on Dependable Systems and Networks with FTCS and DCC, 2008.

[150] 黄海林, 唐志敏, 许彤. 龙芯 1 号处理器的故障注入方法与软错误敏感性分析[J]. 计算机研究与发展, 2006, 43(10): 1820-1827.

[151] KIM S, SOMANI A K. Soft error sensitivity characterization for microprocessor dependability enhancement strategy[C]. Washington D C: IEEE International Conference on Dependable Systems and Networks, 2002.

[152] 倪继利, 陈曦, 李挥. CPU 源代码分析与芯片设计及 Linux 移植[M]. 北京: 电子工业出版社, 2007.

[153] 徐敏, 孙恺, 潘峰. 开源软核处理器 OpenRisc 的 SOPC 设计[M]. 北京: 北京航空航天大学出版社, 2008.

[154] KU B H, CHA J M. Reliability assessment of catenary of electric railway by using FTA and ETA analysis[C]. Rome: IEEE International Conference on Environment and Electrical Engineering, 2011.

[155] ALDEMIR T. A survey of dynamic methodologies for probabilistic safety assessment of nuclear power plants[J]. Annals of Nuclear Energy, 2013, 52(2): 113-124.

[156] FERDOUS R, KHAN F, SADIQ R, et al. Fault and event tree analyses for process systems risk analysis: Uncertainty handling formulations[J]. Risk Analysis, 2011, 31(1): 86-107.

[157] LEE W S, GROSH D L, TILLMAN F A, et al. Fault tree analysis, methods, and applications—a review[J]. IEEE Transactions on Reliability, 1985, 34(3): 194-203.

[158] VOLKANOVSKI A, ČEPIN M, MAVKO B. Application of the fault tree analysis for assessment of power system reliability[J]. Reliability Engineering & System Safety, 2009, 94(6): 1116-1127.

[159] BHANGU N S, PAHUJA G L, SINGH R. Application of fault tree analysis for evaluating reliability and risk assessment of a thermal power plant[J]. Energy Sources Part A Recovery Utilization & Environmental Effects, 2015, 37(18): 2004-2012.

[160] HONG E S, LEE I M, SHIN H S, et al. Quantitative risk evaluation based on event tree analysis technique: Application to the design of shield TBM[J]. Tunnelling & Underground Space Technology, 2009, 24(3): 269-277.

[161] BEIM G K, HOBBS B F. Event tree analysis of lock closure risks[J]. Journal of Water Resources Planning & Management, 1997, 123(3): 169-178.

[162] AKASHAH W F. Quantitative fire risk assessment by combining deterministic fire models with automatic event tree analysis[D]. Belfast: University of Ulster, 2011.

[163] BIAN X Q, MOU C H, YAN Z P, et al. Simulation model and fault tree analysis for AUV[C]. Changchun: International Conference on Mechatronics and Automation, 2009.

[164] 邓兵兵, 代宝乾, 汪彤. 基于 Isograph 的地铁车载 ATP 系统动态故障树分析[J]. 中国安全生产科学技术,

2016, 12(5): 80-85.

[165] CHO J, LEE S J, JUNG W. Fault-weighted quantification method of fault detection coverage through fault mode and effect analysis in digital I&C systems[J]. Nuclear Engineering & Design, 2017, 316: 198-208.

[166] SAYAREH J, AHOUEI V R. Failure mode and effects analysis (FMEA) for reducing the delays of cargo handling operations in marine bulk terminals[J]. Journal of Maritime Research, 2013, 10(2): 43-50.

[167] WHITELEY M, DUNNETT S, JACKSON L. Failure mode and effect analysis, and fault tree analysis of polymer electrolyte membrane fuel cells[J]. International Journal of Hydrogen Energy, 2016, 41(2): 1187-1202.

[168] CHEN Y Y, WANG Y C, PENG J M. SoC-level fault injection methodology in SystemC design platform[C]. Beijing: Asia Simulation Conference-International Conference on System Simulation and Scientific Computing, 2008.

[169] CHEN Y Y, HSU C H, LEU K L. SoC-level risk assessment using FMEA approach in system design with SystemC[C]. Lausanne: IEEE International Symposium on Industrial Embedded Systems, 2009.

[170] WEBER P, MEDINA-OLIVA G, SIMON C, et al. Overview on bayesian networks applications for dependability, risk analysis and maintenance areas[J]. Engineering Applications of Artificial Intelligence, 2012, 25(4): 671-682.

[171] 唐甜, 赵淑利. 贝叶斯网络在飞控系统可靠性评估中的应用[J]. 飞机设计, 2011, 31(6): 47-51.

[172] 李俭川, 胡茑庆, 秦国军, 等. 基于故障树的贝叶斯网络建造方法与故障诊断应用[J]. 计算机工程与应用, 2003, 39(24): 225-228.

[173] BOBBIO A, PORTINALE L, MINICHINO M, et al. Improving the analysis of dependable systems by mapping fault trees into Bayesian networks[J]. Reliability Engineering & System Safety, 2001, 71(3): 249-260.

[174] ZHAI S, LIN S Z. Bayesian networks application in multi-state system reliability analysis[J]. Applied Mechanics & Materials, 2013, 347-350: 2590-2595.

[175] LANGSETH H, PORTINALE L. Applications of Bayesian Networks in Reliability Analysis[M] Hershey: IGI Global, 2007.

[176] AAMODT C A A, BANGS O, JENSEN F V, et al. Bayesian networks with applications in reliability analysis[J]. IEEE Transactions on Parallel & Distributed Systems, 2002, 22(3): 501-513.

[177] 尹晓伟, 钱文学, 谢里阳. 系统可靠性的贝叶斯网络评估方法[J]. 航空学报, 2008, 29(6): 1482-1489.

[178] 周忠宝, 马超群, 周经伦. 贝叶斯网络在多态系统可靠性分析中的应用[J]. 哈尔滨工业大学学报, 2009, 41(6): 232-235.

[179] QIAN W X, XIE L Y, HUANG D Y, et al. Systems reliability analysis and fault diagnosis based on Bayesian networks[C]. Wuhan: International Workshop on Intelligent Systems and Applications, 2009.

[180] 徐格宁, 李银德, 杨恒, 等. 基于贝叶斯网络的汽车起重机液压系统的可靠性评估[J]. 中国安全科学学报, 2011, 21(5): 90-96.

[181] KHAKZAD N, KHAN F, AMYOTTE P. Safety analysis in process facilities: Comparison of fault tree and Bayesian network approaches[J]. Reliability Engineering & System Safety, 2011, 96(8): 925-932.

[182] KHAKZAD N, KHAN F, AMYOTTE P. Dynamic safety analysis of process systems by mapping bow-tie into Bayesian network[J]. Process Safety & Environmental Protection, 2013, 91(1/2): 46-53.

[183] 郑恒, 吴祈宗, 汪佩兰, 等. 贝叶斯网络在火工系统安全评价中的应用[J]. 兵工学报, 2006, 27(6): 988-993.

[184] CONRADY S, JOUFFE L. Bayesian Networks and Bayesialab—A Practical Introduction for Researchers[M]. Franklin: Bayesia, 2015.

[185] 况觊, 谢清程. 基于贝叶斯网络的多态系统零部件重要度分析[J]. 机电设备, 2013(2): 62-66.

[186] URA R K, SHINA J, ZUBAIRA M, et al. Sensitivity study on availability of I&C components using Bayesian network[J]. Science and Technology and Nuclear Installations, 2013, 2013(656548): 1-10.

[187] RAHMAN K U, JIN K, HEO G. Risk-informed design of hybrid I&C architectures for research reactors[J]. IEEE Transactions on Nuclear Science, 2016, 63(1): 351-358.

[188] CAI Z Q, SI S B, DUI H Y, et al. Relationship and changing analysis of birnbaum importance for different components with bayesian networks[J]. Quality Technology & Quantitative Management, 2016, 10(2): 203-219.

[189] 郑崇勋. 数字系统故障对策与可靠性技术[M] 北京:国防工业出版社,1995.

[190] BAGCHI S, SRINIVASAN B, WHISNANT K, et al. Hierarchical error detection in a software implemented fault tolerance (SIFT) environment[J]. IEEE Transactions on Knowledge and Data Engineering, 2000,12(2): 203-224.

[191] SAXENA N R, MCCLUSKEY E J. Control flow checking using watchdog assists and extended precision checksums[J]. IEEE Transactions on Computers, 1990, 39(4): 554-559.

[192] 李爱国, 洪炳镕, 王司. 软件实现的程序控制流校验方法研究进展[J]. 哈尔滨工业大学学报, 2008, 40(3): 407-412.

[193] ALKHALIFA Z, NAIR V, KRISHNAMURTHY N, et al. Design and evaluation of system-level checks for on-line control flow error detection[J]. IEEE Transactions on Parallel and Distributed Systems, 1999, 10(6): 627-641.

[194] OH N, SHIRVANI P P, MCCLUSKEY E J. Control flow checking by software signatures [J]. IEEE Transactions on Reliability, 2002, 51(1): 111-122.

[195] LI A G, HONG B R. Software implemented transient fault detection in space computer[J]. Aerospace Science and Technology, 2007, 11(2/3): 245-252.

[196] GOLOUBEVA O, REBAUDENGO M, SONZA R M, et al. Soft error detection using control flow assertions[C]. Washington D C: Proceedings of the 18th Symposium on Defect and Fault Tolerance in VLSI Systems, 2003.

[197] ASGHARI S A, TAHERI H, PEDRAM H, et al. Software based control flow checking against transient faults in industrial environments[J]. IEEE Transactions on Industrial Informatics, 2014, 10(1): 481-490.

[198] VEMU R, ABRAHAM J A. CEDA: Control flow error detection using assertions[J]. IEEE Transactions on Computers, 2011, 60(9): 1233-1245.

[199] ZARANDI H R, MAGHSOUDLOO M, KHOSHAVI N. Two efficient software techniques to detect and correct control flow errors[C]. Washington D C: Proceedings of the 16th IEEE Pacific Rim International Symposium on Dependable Computing, 2010.

[200] VENKATASUBRAMANIAN R, HAYES J P, MURRAY B T. Low cost on-line fault detection using control flow assertions[C]. Washington D C: Proceedings of the 9th International On-line Testing Symposium, 2003.

[201] 李建立, 谭庆平, 谭兰芳, 等. 一种基于虚拟基本块和格式化标签的控制流检测方法[J]. 计算机学报, 2014, 37(11): 2287-2297.

[202] REIS G A, CHANG J, VACHHARAJANI N, et al. Software controlled fault tolerance [J]. ACM Transactions on Architecture and Code Optimization, 2005, 2(4): 366-396.

[203] 张鹏, 朱利, 杜小智, 等. 基于结构化标签的控制流错误检测算法[J]. 计算机工程, 2016, 42(6): 37-42.

[204] 严迎建, 刘明业. 片上系统设计中软硬件协同验证方法的研究[J]. 电子与信息学报, 2005, 27(2): 317-321.

[205] 郭健彬, 杜绍华, 王鑫, 等. 动态系统故障的混杂传播特征及建模方法[J]. 系统工程与电子技术, 2015, 37(1): 224-228.

[206] MA P J, WANG Y, SU X H, et al. A novel fault localization method with fault propagation context analysis[C]. Shenyang: IEEE 2013 3rd International Conference on Instrumentation, Measurement, Computer, Communication

and Control, 2013.

[207] 何加浪, 张宏. 神经网络在软件多故障定位中的应用研究[J]. 计算机研究与发展, 2013, 50(3): 619-625.

[208] 张成, 廖建新, 朱晓民. 基于贝叶斯疑似度的启发式故障定位算法[J]. 软件学报, 2010, 21(10): 2610-2621.

[209] MA C C, GU X D. Fault diagnosis with fault gradation using neural network group [J]. Systems Engineering and Electronics, 2009, 31(1): 225-228.

[210] STEINDER M, SETHI A S. Probabilistic fault localization in communication systems using belief networks[J]. IEEE/ACM Trans on Networking, 2004, 12(5): 809-822.

[211] VAZQUEZ M, CHACON M, ALTUVE F. An on-line expert system for fault section diagnosis in power systems[J]. IEEE Transactions on Power Systems, 1997, 12(1): 357-362.

[212] ROTSHTEIN A P, RAKYTYANSKA H B. Diagnosis problem solving using fuzzy relations[J]. IEEE Transactions on Fuzzy Systems, 2008, 16(3): 664-675.

[213] 印桂生, 崔晓晖, 董红斌, 等. 量子协同的二分图最大权完美匹配求解方法[J]. 计算机研究与发展, 2014, 51(11): 2573-2584.

[214] 张鹏, 朱利, 杜小智. 基于二分图极大权值匹配的 SoC 故障定位算法研究[J]. 计算机应用研究, 2016, 54(1): 79-82.

[215] 钮鑫涛, 聂长海, ALVIN C. 组合测试故障定位的关系树模型[J]. 计算机学报, 2014, 37(12): 2505-2518.

[216] 邓水光, 尹建伟, 李莹, 等. 基于二分图匹配的语义 Web 服务发现方法[J]. 计算机学报, 2008, 31(8): 1364-1375.

[217] 李志刚, 张彧, 潘长勇, 等. 抗单粒子翻转的可重构卫星通信系统[J]. 宇航学报, 2009, 30(5): 1752-1756.

[218] 胡洪凯, 施蕾, 董旸旸, 等. SRAM 型 FPGA 空间应用的抗单粒子翻转设计[J]. 航天器环境工程, 2014, 31(5): 510-515.

[219] CLARK L, PATTERSON D, RAMAMURTHY C, et al. An embedded microprocessor radiation hardened by microarchitecture and circuits[J]. IEEE Transactions on Computers, 2016, 65(2): 382-395.

[220] PONTES J, CALAZANS P, VIVET P. Adding temporal redundancy to delay insensitive codes to mitigate single event effects[C]. Lyngby: IEEE 18th International Symposium on Asynchronous Circuits and System, 2012.

[221] DU X Z, LUO D Y, HE C H, et al. A fine-grained software-implemented DMA fault tolerance for SoC against soft error [J]. Journal of Electronic Testing: Theory and Applications, 2018, 34(6): 717-733.